W0473695

❶ a)

·	4	40	8	80
	20			
6				
			56	
				640

b)

:	3		60	
180		6		
	80			
300				50
			6	

c)

·		80	90
6	420		
			630
8			
		720	

❷

a)
48 : 6 = ____
480 : 60 = ____
490 : 60 = ____
480 : 6 = ____

b)
56 : 7 = ____
560 : 70 = ____
600 : 70 = ____
560 : 7 = ____

c)
54 : 9 = ____
540 : 90 = ____
545 : 90 = ____
540 : 9 = ____

❸

a) 30 → · 8 → ☐ → : 6 → ☐ → · 7 → ☐ → + 20 → ☐ → : 5 → ☐

b) ☐ → : 90 → 5 → · 70 → ☐ → – 30 → ☐ → : 4 → ☐ → · 5 → ☐

c) 60 → · 3 → ☐ → : 90 → ☐ → · 70 → ☐ → + 60 → ☐ → : 4 → ☐

❹ Verbinde mit der richtigen Zahl.

Meine Zahl ist um 243 größer als 511.

Der 6. Teil meiner Zahl ist 80.

Meine Zahl ist das 50-fache von 9.

Wenn ich von meiner Zahl 125 subtrahiere, erhalte ich 430.

Meine Zahl ist um 613 kleiner als 1000.

Das Vierfache meiner Zahl ist 360.

Meine Zahl ist der 7. Teil von 490.

480 | 387 | 754 | 450 | 90 | 555 | 70

© 2008 Oldenbourg Schulbuchverlag GmbH

Lesen – fragen – rechnen – antworten

❶ Rechenfragen und andere Fragen

In den Sommerferien besuchen Herr und Frau Kunert mit ihrer 9-jährigen Tochter und dem 12-jährigen Sohn das 102 m hohe Atomium in Brüssel. Errichtet wurde es als Wahrzeichen der Weltausstellung im Jahr 1958. Es besteht aus 9 Kugeln, von denen 6 begehbar sind. Diese sind miteinander über schräge, 23 m lange Rohre verbunden und über Rolltreppen in diesen Rohren zu erreichen.

Eintritt	
Erwachsene:	9 €
Schüler ab 12 Jahren:	6 €
Kinder:	0 €

☒ Kreuze die Rechenfragen an und löse die Aufgaben.

☐ Wann wurde das Atomium errichtet? ____________

☐ Wie viele Jahre sind seit der Eröffnung der Weltausstellung vergangen? ____________

☐ Wie viele Kugeln hat das Atomium? ____________

☐ Wie viel muss Herr Kunert für seine Familie als Eintritt bezahlen? ____________

❷ Richtige und falsche Antworten

Anschließend fahren sie zum Eiffelturm nach Paris. Der Eiffelturm wurde 1889 nach 2-jähriger Bauzeit das Wahrzeichen der Weltausstellung in Paris. Der Turm ist 300,65 m hoch, mit Antenne sogar 324 m. Die höchste Aussichtsplattform befindet sich in 276 m Höhe. Zu Fuß oder mit dem Fahrstuhl kann man auf die beiden ersten Plattformen gelangen. In die 3. Etage fährt nur noch ein Fahrstuhl.

Überprüfe die Antworten auf ihre Richtigkeit, kreuze an.

	richtig	falsch
Der Baubeginn des Eiffelturms war im Jahre 1887.	☐	☐
Zwischen den Weltausstellungen in Paris und Brüssel liegen 60 Jahre.	☐	☐
Der Eiffelturm ist mit der Antenne 198 m höher als das Atomium.	☐	☐
Die Antenne hat eine Länge von ca. 23 m.	☐	☐
Mit dem Fahrstuhl kann man direkt nur bis in die zweite Etage gelangen.	☐	☐
Von der Weltausstellung in Paris bis heute sind mehr als 115 Jahre vergangen.	☐	☐

© 2008 Oldenbourg Schulbuchverlag GmbH

Inhaltsverzeichnis

© 2008 Oldenbourg Schulbuchverlag GmbH

❶ Tausenderfreunde: Ergänze auf 1000.

❷ Zahlenmauern

a)
800
460 | _
120 | _ | _

b)
_
_ | 225
105 | _ | 75

c)
1000
_ | 250
_ | 145 | _
_ | _ | _ | 80

❸ Rechendreiecke

a) außen: _ , 179, _ ; innen: _ , 140, 29

b) außen: _ , 540, 210 ; innen: 430, _ , _

c) außen: 450, _ , 460 ; innen: _ , _ , 135

d) außen: 380, 340, _ ; innen: 160, _ , _

❹ Rechne und verbinde mit der Ergebniszahl.

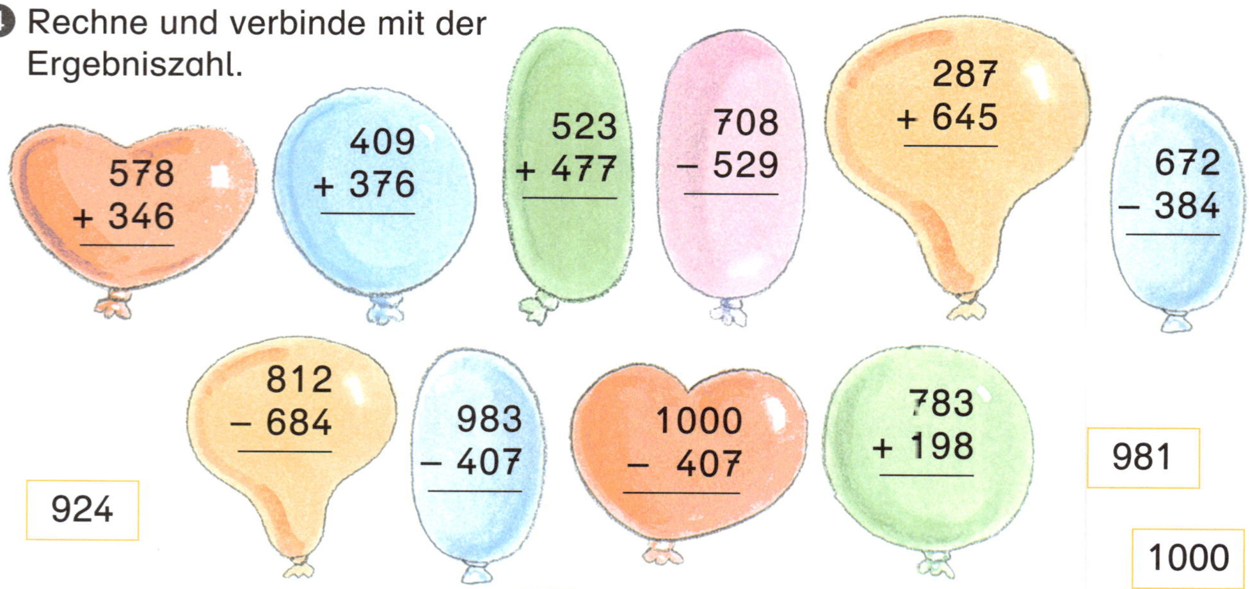

924 | 576 | 785 | 128 | 179 | 932 | 593 | 981 | 1000 | 288

© 2008 Oldenbourg Schulbuchverlag GmbH

❶ Ergänze die Tabelle.

	T	H	Z	E	
	1	0	0	0	
	1	2	0	0	
					1010
	1	0	0	1	
					2005

❷ Wie heißen diese Zahlen? Ergänze die Tabelle.

5 E, 6 H, 1 T, 3 Z

1H, 1 T, 6 E

2 T, 4 E, 2 Z, 3 H

6 Z, 1 T, 2 E

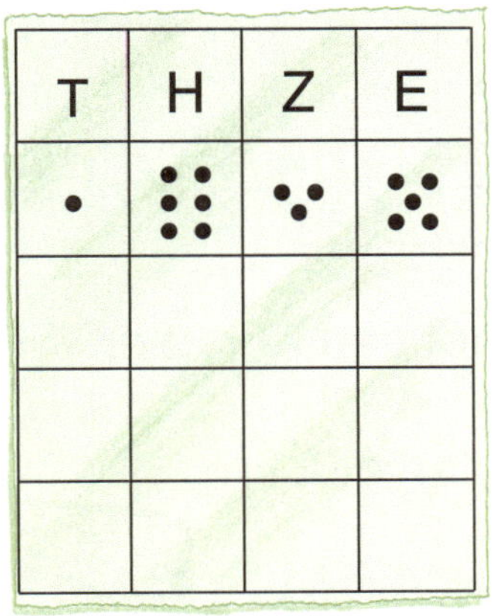

❸ Male immer 2 Plättchen dazu. Welche Zahlen entstehen?

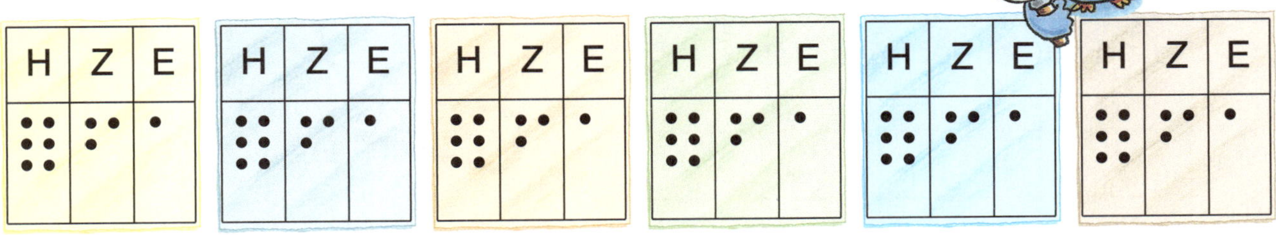

❹ Färbe den Stellenwert, der sich verändert hat. Berechne den Unterschied.

a)

6	1	3	+ 20 →	6	3	3
3	8	7	→	3	8	2
8	0	3	→	6	0	3
5	7	4	→	5	8	4

b)

1	2	7	2	→	1	6	7	2
3	8	1	5	→	2	8	1	5
1	6	0	8	→	1	6	0	4
2	5	6	4	→	2	5	1	4

Den Zahlenstrahl untersuchen

❶ Trage die fehlenden Zahlen ein und ordne die Kärtchen zu.

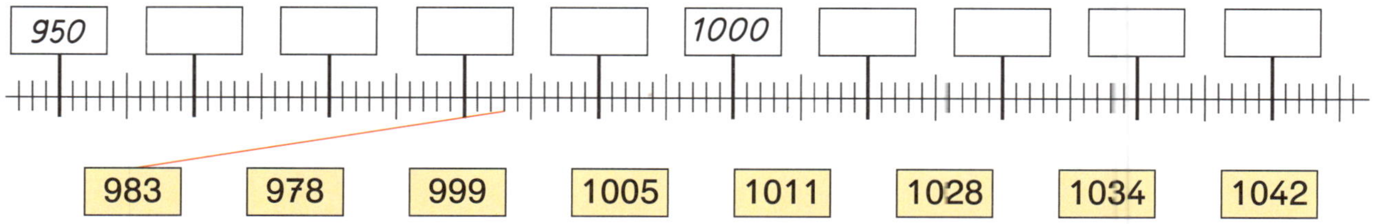

❷ a) Trage die fehlenden Zahlen auf den Kärtchen ein.
Schreibe alle geraden Zahlen auf, die du unter der Lupe siehst

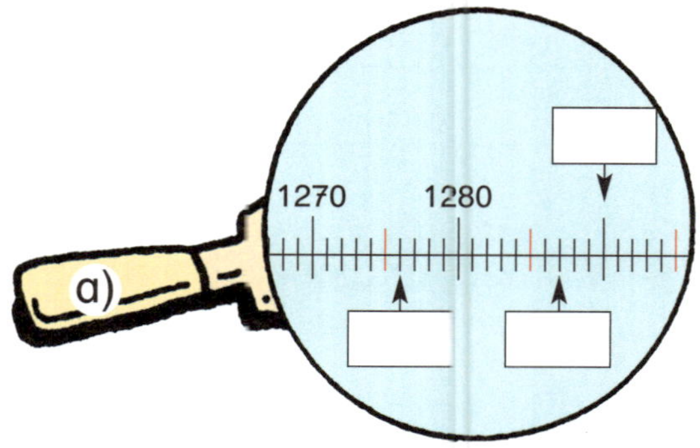

b) Trage die fehlenden Zahlen auf den Kärtchen ein.
Schreibe alle ungeraden Zahlen auf, die größer sind als 1794.

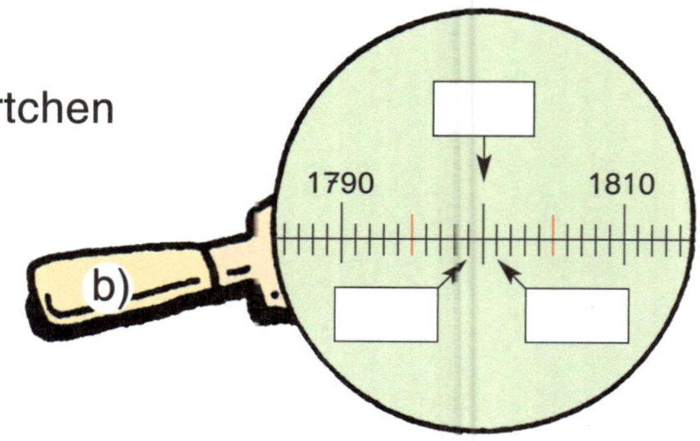

c) Schreibe alle geraden Zahlen auf, die du unter der Lupe siehst.

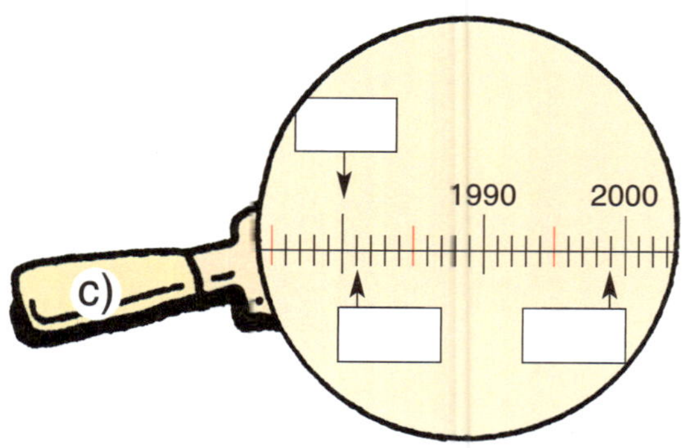

❸

Vorgänger	Zahl	Nachfolger
997	998	999
	769	
	1201	
	1488	
	1982	

Nachbarzehner	Zahl	Nachbarzehner
	998	
	769	
	1201	
	1488	
	1982	

Nachbarhunderter	Zahl	Nachbarhunderter
	998	
	769	
	1201	
	1488	
	1982	

© 2008 Oldenbourg Schulbuchverlag GmbH

1

4 + 3 = ____ 6 + 7 = ____ 2 + 8 = ____
14 + 3 = ____ 16 + 7 = ____ 12 + 8 = ____
114 + 3 = ____ 116 + 7 = ____ 112 + 8 = ____
1114 + 3 = ____ 1116 + 7 = ____ 1112 + 8 = ____

2

50 + 40 = ____ 70 + 30 = ____ 30 + 60 = ____
500 + 40 = ____ 700 + 30 = ____ 300 + 60 = ____
550 + 40 = ____ 770 + 30 = ____ 330 + 60 = ____

3

400 + 300 = ____ 300 + 600 = ____ 200 + 700 = ____
1400 + 300 = ____ 1300 + 600 = ____ 1200 + 700 = ____

4

90 – 50 = ____ 70 – 60 = ____ 80 – 30 = ____
900 – 50 = ____ 700 – 60 = ____ 800 – 30 = ____
990 – 50 = ____ 770 – 60 = ____ 880 – 30 = ____

5

900 – 600 = ____ 700 – 500 = ____ 800 – 300 = ____
1900 – 600 = ____ 1700 – 500 = ____ 1800 – 300 = ____

6 Zahlenrätsel

Bilde die größte gerade Zahl, die kleiner ist als 2000.

____

Bilde aus den Ziffern 1, 8, 4, 5 die Zahl, die am nächsten an 1700 liegt.

____

Die Zahl liegt zwischen 1000 und 2000. An der Einer- und an der Tausenderstelle steht die gleiche Ziffer. Es kommt noch 2-mal die 5 vor.

____

7 Zweitausenderfreunde

© 2008 Oldenbourg Schulbuchverlag GmbH

Erfindungen und Ereignisse in den letzten 1000 Jahren

❶ Die Entwicklung des Fahrrads.

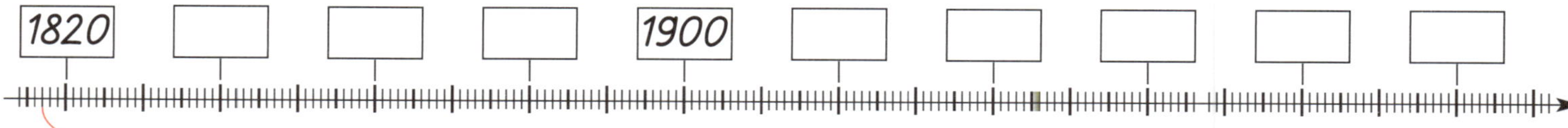

1817 Draisine (Laufrad)

1867 Michauline (Pedale vorne)

1873 Hochrad

1880 Niederrad (mit Kette)

1912 Tourenrad

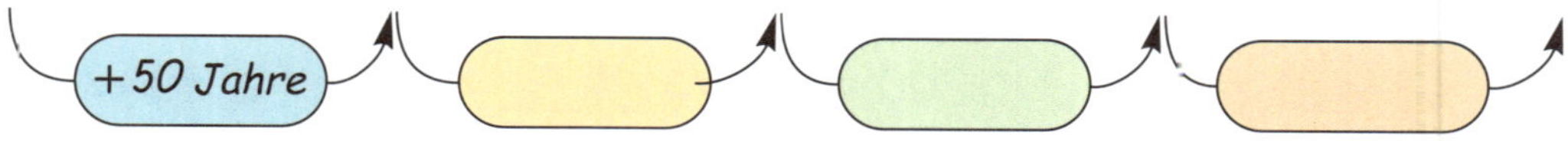

a) Trage die fehlenden Zahlen auf der Zeitleiste ein. Verbinde die Bilder mit dem richtigen Jahr.
b) Wie viel Zeit verging zwischen den einzelnen Weiterentwicklungen?
c) Wie viele Jahre sind bis heute seit jeder Erfindung vergangen?

Erfindung	Jahr	vergangene Zeit bis heute
Draisine	1817	
Michauline		
Hochrad		
Niederrad		
Tourenrad		

❷ Berühmte Bauwerke
a) Wie lange war die Bauzeit dieser Bauwerke?
b) Vor wie vielen Jahren wurden die Bauwerke fertiggestellt?

Berlin
Brandenburger Tor
1788 – 1791

Ulmer Münster
1377 – 1890

Turm von Pisa
1173 – 1360

Kölner Dom
1248 – 1880

Bauzeit: 3 Jahre ______ ______ ______

Alter: ______ ______ ______ ______

© 2008 Oldenbourg Schulbuchverlag GmbH

❶ Ergänze die Zahlenhäuser und verbinde mit den passenden Bauplänen.

444	_____	_____
400 + 44	1 250 + 750	635 + 490
380 + _____	1 300 + 700	630 + 495
_____	_____	_____
340 + 104	_____	_____

Die 1. Zahl wird um 50 vergrößert, die 2. Zahl um 50 verkleinert.

Die 1. Zahl wird um 5 verkleinert, die 2. Zahl um 5 vergrößert.

Die 1. Zahl wird um 20 verkleinert, die 2. Zahl um 20 vergrößert.

❷ Vereinfache die Aufgaben so, dass du leicht rechnen kannst.

624 + 198 = _____
863 + 195 = _____
999 + 1001 = _____

1103 + 864 = _____
1655 + 245 = _____
1014 + 186 = _____

❸ Reche auf deinem Weg. Du kannst die Aufgabe auch nur im Kopf lösen.

581 + 291 = _____
1321 + 179 = _____
1088 + 224 = _____

189 + 732 = _____
552 + 1098 = _____
1376 + 596 = _____

© 2008 Oldenbourg Schulbuchverlag GmbH

1 Ergänze die Zahlenhäuser und verbinde mit den passenden Bauplänen.

______	______	______
637 – 490	705 – 669	1714 – 797
642 – ____	700 – 664	____ – 800
______	______	______
______	______	______

Wenn ich die 1. Zahl verkleinere, muss ich auch die 2. Zahl verkleinern.	Wenn ich die 2. Zahl vergrößere, muss ich auch die 1. Zahl vergrößern.	Wenn ich die 1. Zahl vergrößere, muss ich auch die 2. Zahl vergrößern.

2 Vereinfache die Aufgaben so, dass du leicht rechnen kannst.

405 – 296 = ____ 586 – 193 = ____ 997 – 218 = ____

1217 – 198 = ____ 1792 – 298 = ____ 1998 – 1009 = ____

3 Reche auf deinem Weg.

Ich löse alle Aufgaben im Kopf.

916 – 595 = ____ 703 – 664 = ____ 797 – 668 = ____

1024 – 996 = ____ 1892 – 398 = ____ 2004 – 1996 = ____

© 2008 Oldenbourg Schulbuchverlag GmbH

❶ Addiere.

a)

346	689	446	804	779
+ 469	+ 513	+ 572	+ 493	+ 401

b)

1312	1346	1010	1007	1714
+ 637	+ 583	+ 817	+ 598	+ 297

c)

283	609	989	75	93
+ 1101	+ 1244	+ 1001	+ 1380	+ 1654

❷ Schreibe untereinander und rechne.

a) 1208 + 396 b) 1395 + 286 c) 593 + 1407

❸

586	689	1005	407
+ 244	+ 199	+ 261	+ 1206
+ 103	+ 1346	+ 572	+ 281

❹ Schriftlich oder im Kopf?

732 + 218 = ____ 1666 + 234 = ____ 1093 + 577 = ____

1345 + 298 = ____ 1025 + 833 = ____ 1008 + 582 = ____

❺ a)

□	316	□
+ 352	+ □	+ 1528
826	754	1978

b)

1 □ 5 9	8 □ 6	1 3 □ 6
+ 7 □ 2	+ 5 7	+ □ 3 8
□ 7 4 □	9 2 □	1 7 1 □

© 2008 Oldenbourg Schulbuchverlag GmbH

❶ Rechne Aufgabe und Umkehraufgabe.

a)

```
  912      275       846          1010
– 637    + 637     – 583        –  617
```

b)

```
 1908      1317      1478
–  958   –  486    – 1356
```

c)

```
 1989      2001      2000
–  599   –  198    – 1369
```

❷ Schreibe untereinander und rechne.

a) 1953 – 636   b) 1017 – 459   c) 1808 – 698

❸ a)

```
  1662      □        □
– □      – 792    – 655
  1138     1014     1345
```

b)

```
  1 □ 5 9      1 8 □ 6      1 1 □ 6
–   7 □ 2    –   □ 2 7    –   □ 3 8
    3 2 □      1 7 5 □      1 0 4 □
```

❹ Wo liegt jeweils der Fehler?   Berichtige.

a)

```
  456      698
+ 347    + 745
  793     1333
```

b)

```
             8 10
  736       905
– 472     – 117
  344       792
```


© 2008 Oldenbourg Schulbuchverlag GmbH

❶ Male immer 2 Plättchen dazu. Welche Zahlen entstehen?

H	Z	E
●●●	●●●●●●●	

H	Z	E
●●●	●●●●●●●	

H	Z	E
●●●	●●●●●●●	

H	Z	E
●●●	●●●●●●●	

H	Z	E
●●●	●●●●●●●	

H	Z	E
●●●	●●●●●●●	

_____ _____ _____ _____ _____ _____

❷ Schriftlich oder im Kopf. Verändern hilft.

a) 604 + 367 = _____ 738 + 1002 = _____ 595 + 1253 = _____

600 + ____ = _____

b) 597 – 176 = _____ 1817 – 497 = _____ 1605 – 163 = _____

❸

```
  578      945     1563     1098
+ 232    + 261   +  279   +  902
-----    -----   ------   ------

  965      839     1492     1878
- 278    - 368   -  384   -  289
-----    -----   ------   ------
```

❹ Schreibe untereinander und rechne.

a) 563 + 89 + 1656 b) 586 – 145 c) 1902 – 654

❺ Trage die fehlenden Ziffern ein.

a)

```
  □ 7 6        9 □ 6
+ 3 8 □     +  □ 4 □
-------     --------
1 0 □ 2      1 4 2 8
```

b)

```
  1 □ 2 6     1 0 4 □
-   5 □ □   -     □ 2
---------   ---------
    4 5 8       □ 6 6
```


© 2008 Oldenbourg Schulbuchverlag GmbH

Multiplizieren mit Zehner- und Hunderterzahlen

1

			4				8		
	12								

a) Trage in die Tafel alle Zahlen des 4er-Einmaleins bis 100 ein.
b) Färbe alle Zahlen des 8er-Einmaleins gelb.
c) Trage jetzt alle Zahlen des 3er-Einmaleins bis 100 ein.
d) Rahme alle Zahlen des 6er-Einmaleins grün ein.
e) Schreibe alle Zahlen auf, die in jeder der 4 Einmaleins-Reihen vorkommen.

____

2 Fülle die Lücken:

Beim Multiplizieren mit 10 werden aus den Einern ______________ und aus den Zehnern werden ______________.

Im Stellenwerthaus rücken beim Multiplizieren mit 100 alle Stellen um ______________ Stellen nach ______________. Bei den Einern und Zehnern steht dann jeweils eine ______________.

3 Rechne zuerst die kleine Aufgabe.

a)

7 · 400 = ____	8 · 700 = ____	9 · 600 = ____
7 · 4 = ____	8 · 7 = ____	____ = ____

b)

30 · 40 = ____	70 · 30 = ____	90 · 60 = ____
3 · 4 = ____	____ = ____	____ = ____

4

·	3	30
3		90
30		
6		
60		

·	5	50		10
8				
9				
10			1000	
20				

·	6	60
2		
	24	
6		
10		

5 Eine sehr lange Tabelle! Finde weitere passende Zahlen.

:	2	20	200								
1 000											

© 2008 Oldenbourg Schulbuchverlag GmbH

❶ Male die Aufgaben mit dem gleichen Ergebnis in der gleichen Farbe an.

2 · 14 | 5 · 20 | 8 · 8 | 2 · 18 | 4 · 7

6 · 9 | 4 · 9 | 4 · 16 | 10 · 10 | 3 · 18

❷

·	10	7	17
3	30		

·	10	9	19
6			

·	10	5	
9			

·	10	3	
8			

·	10	4	
7			

·	10	6	
4			

❸ Zu jeder Aufgabe gehören 2 Zerlegungsaufgaben. Verbinde.

❹ Halbschriftlich oder im Kopf.

6 · 28 = ____	7 · 27 = ____	4 · 43 = ____	5 · 32 = ____
67 · 2 = ____	64 · 3 = ____	28 · 4 = ____	26 · 5 = ____
5 · 120 = ____	342 · 2 = ____	6 · 67 = ____	412 · 3 = ____

© 2008 Oldenbourg Schulbuchverlag GmbH

❶ Zu jeder Aufgabe gehören 2 Karten. Male an und rechne.

243 : 9 = ____
180 : 9 = ____
____

270 : 9
180 : 9
63 : 9

322 : 7 = ____
____
____

280 : 7
350 : 7
42 : 7

492 : 6 = ____
____
____

540 : 6
12 : 6
480 : 6

❷ Rechne auf deinem Weg.

636 : 6 = ____ 235 : 5 = ____ 816 : 8 = ____ 644 : 4 = ____
315 : 7 = ____ 368 : 8 = ____ 525 : 5 = ____ 1080 : 9 = ____

❸ Rechne halbschriftlich oder im Kopf.

360 : 6 = ____ 427 : 7 = ____ 624 : 8 = ____ 990 : 9 = ____
354 : 6 = ____ 434 : 7 = ____ 640 : 8 = ____ 954 : 9 = ____
348 : 6 = ____ 420 : 7 = ____ 656 : 8 = ____ 972 : 9 = ____

© 2008 Oldenbourg Schulbuchverlag GmbH

❶ Welches Gefäß könnte folgende Mengen fassen? Verbinde.

     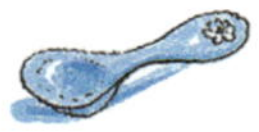

0,75 l	300 ml	125 ml	2 l	20 ml	5 ml

❷

0,1	l =	______	ml	0,01	l =	______	ml	0,001	l =	______	ml
0,2	l =	______	ml	0,02	l =	______	ml	0,002	l =	______	ml
______	l =	300	ml	______	l =	30	ml	______	l =	3	ml
______	l =	400	ml	______	l =	40	ml	______	l =	4	ml

❸ In jeder Zeile genau ein Liter

	 500 ml	 100 ml	 750 ml	 200 ml	 250 ml
1 l	1	1	0	2	0
1 l			1		
1 l				1	2
1 l				4	

❹ Ergänze.

750 ml	250 ml	125 ml	75 ml	
	50 ml	500 ml	125 ml	250 ml
	$\frac{1}{4}$ l	150 ml	500 ml	100 ml
625 ml		$\frac{1}{8}$ l	$\frac{1}{8}$ l	200 ml

© 2008 Oldenbourg Schulbuchverlag GmbH

❶ Zeichne ein: 1 l, $\frac{1}{2}$ l, $\frac{1}{4}$ l, $\frac{1}{8}$ l. Rechne in Milliliter um.

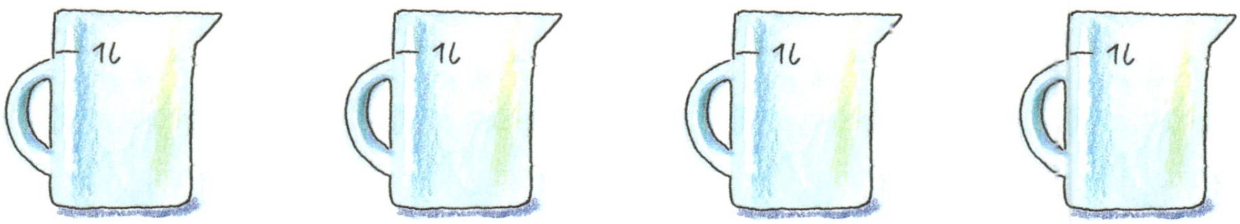

1 l = ____ ml $\frac{1}{2}$ l = ____ ml $\frac{1}{4}$ l = ____ ml $\frac{1}{8}$ l = ____ ml

❷ Wie viel fehlt zum Liter?

$\frac{1}{2}$ l + ____ = 1 l	$\frac{1}{4}$ l + $\frac{1}{4}$ l + ____ = 1 l	$\frac{1}{8}$ l + $\frac{1}{8}$ l + $\frac{1}{4}$ l + ____ = 1 l	$\frac{1}{4}$ l + $\frac{1}{4}$ l + $\frac{1}{4}$ l + ____ = 1 l

❸ Vergleiche mit ⧀, ⧁, ⊜.

a)			b)			c)		
0,33 l	◯	300 ml	1,5 l	◯	$1\frac{1}{2}$ l	250 ml	◯	$\frac{1}{2}$ l
750 ml	◯	0,7 l	$\frac{1}{8}$ l	◯	150 ml	$\frac{1}{8}$ l	◯	225 ml
0,25 l	◯	250 ml	$\frac{1}{4}$ l	◯	200 ml	0,250 l	◯	$\frac{1}{4}$ l

❹ Eine Wassergeschichte

Familie Mader besitzt einen Wassersprudel-Automaten und dazu 4 Flaschen. Jede Flasche fasst genau 1 Liter. Frau Mader füllt am Morgen alle Flaschen. Beim Frühstück werden 3 Gläser, vormittags 5 Gläser und mittags 6 Gläser Wasser verbraucht. Ein Glas fasst 250 Milliliter.

Frage: Wie viel gesprudeltes Wasser ist noch vorhanden?

Antwort: ____

____

© 2008 Oldenbourg Schulbuchverlag GmbH

Bist du fit?

Multiplizieren und dividieren – Liter und Milliliter

❶

·	20		27
3		21	

·	60	8	
8			

·	90	7	
7			

❷ Halbschriftlich oder im Kopf?

6 · 35 = ______ 45 · 3 = ______ 6 · 230 = ______ 5 · 125 = ______

405 : 5 = ______ 252 : 9 = ______ 455 : 7 = ______ 576 : 8 = ______

❸ Beim Dividieren kann auch ein Rest bleiben.

667 : 8 = ______ 829 : 9 = ______ 548 : 5 = ______

640 : 8 = ______
27 : 8 = ______

❹ Immer zwei Becher ergeben einen Liter. Schreibe auf.

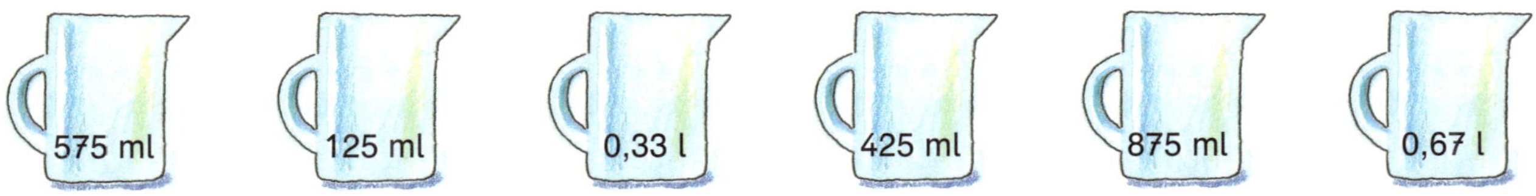

575 ml + ____ ml = 1 l ______________ ______________

❺ Rechne um.

125 ml = ______ l 0,375 l = ______ ml
250 ml = ______ l 0,950 l = ______ ml
1000 ml = ______ l 0,5 l = ______ ml
1250 ml = ______ l $\frac{1}{2}$ l = ______ ml

❻ Vergleiche mit (<), (>), (=).

0,3 l ◯ 300 ml $\frac{1}{2}$ l ◯ 250 ml 0,2 l ◯ 20 ml
0,22 l ◯ 22 ml 200 ml ◯ $\frac{1}{4}$ l 125 ml ◯ $\frac{1}{2}$ l

© 2008 Oldenbourg Schulbuchverlag GmbH

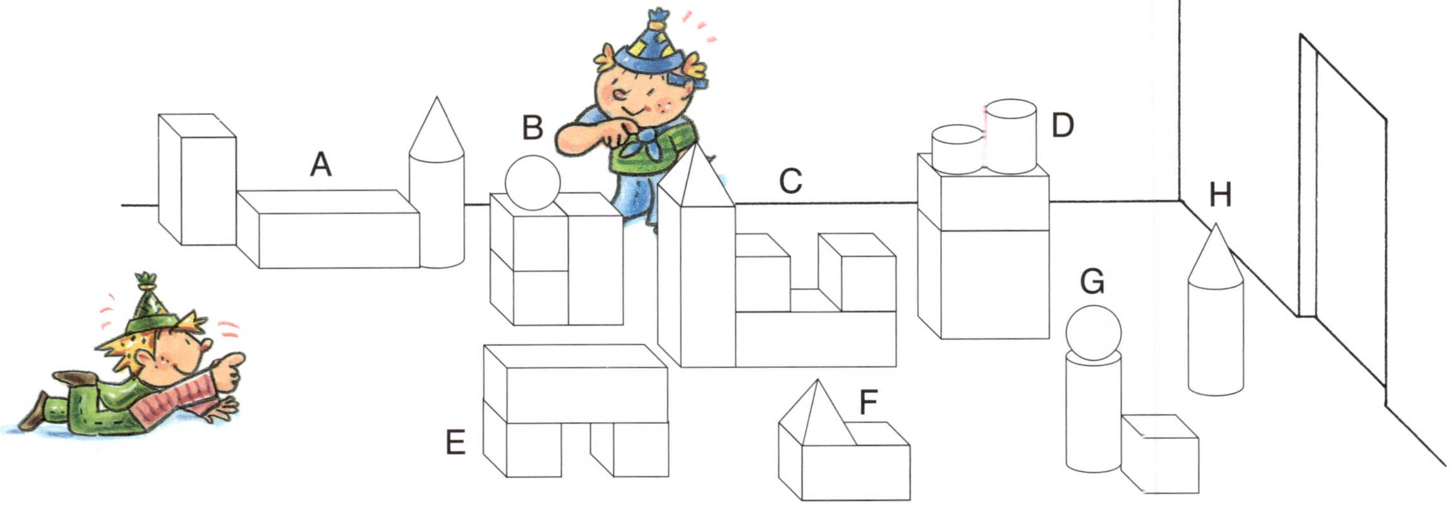

❶ Zähle die Körper.

Färbe die ☐ Würfel blau, die ☐ Quader gelb, die ☐ Kegel rot, die ☐ Zylinder braun, die ☐ Kugeln grün und die ☐ Pyramiden schwarz.

❷ Wer sieht welches Gebäude so?

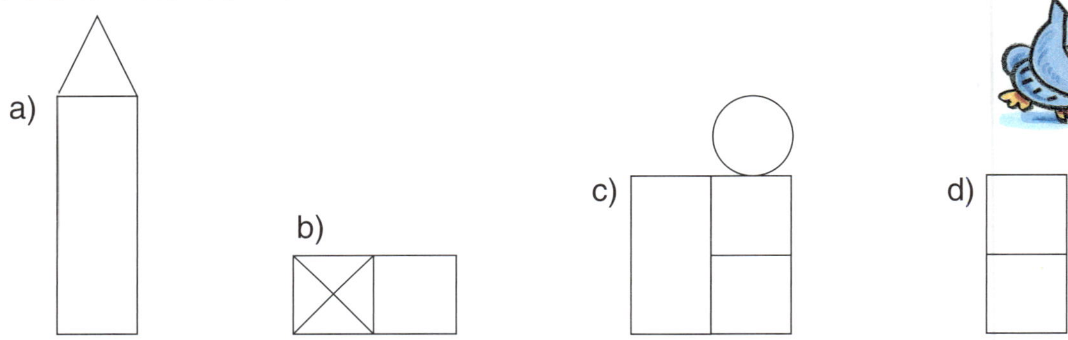

C Simsala ____ ____ ____

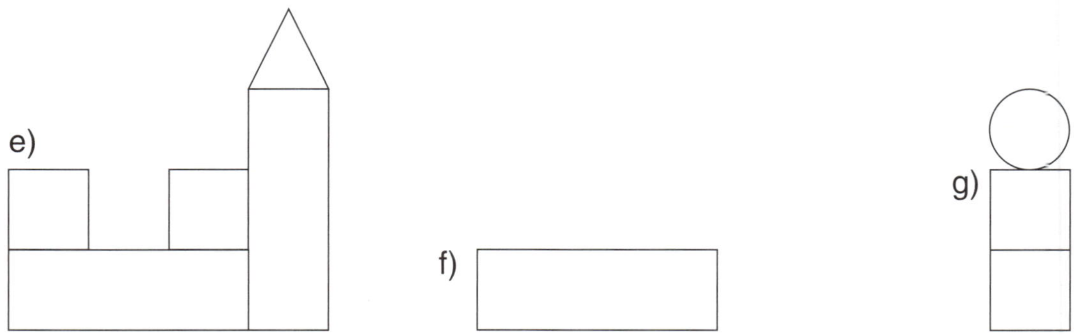

____ ____ ____

❸ Erkennst du die Grundrisse?

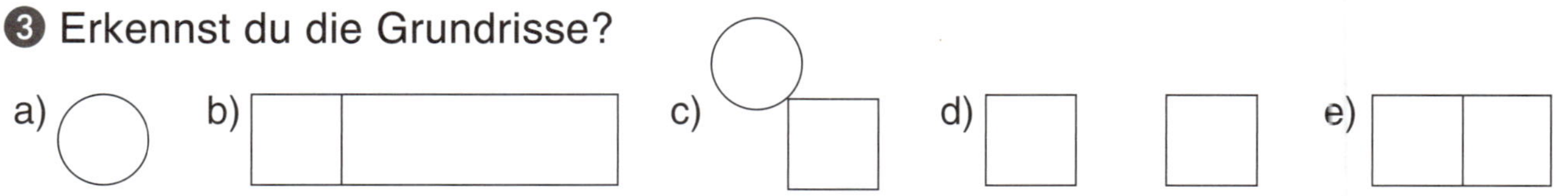

H ____ ____ ____ ____

© 2008 Oldenbourg Schulbuchverlag GmbH

❶ Schreibe zu jedem Zahlenrätsel eine Rechnung. Rechne aus.

a) Wenn ich von meiner Zahl 692 subtrahiere, ist das Ergebnis 1108.

_____ – 692 = 1108

b) Wenn ich meine Zahl zu 750 addiere, erhalte ich 1390.

____

c) Wenn ich 630 durch meine Zahl dividiere, ist das Ergebnis 9.

____

d) Wenn ich meine Zahl mit 80 multipliziere, ist das Ergebnis die Hälfte von 1440.

____

Lies genau und ergänze die Rechenketten.

❷ Zahlenzauber-Zahlenrätsel. Welche Rechenkette gehört zu welchem Rätsel? Löse mit den Umkehraufgaben.

a) Ich denke mir eine Zahl, multipliziere sie mit 6, addiere dann 120, dividiere das Ergebnis durch 40 und erhalte 9.

b) Ich subtrahiere von meiner Zahl 480, dividiere das Ergebnis durch 8, multipliziere dann mit 5, dividiere das Ergebnis durch 9 und erhalte 50.

c) Wenn ich meine Zahl halbiere, zum Ergebnis dann 50 addiere und das Ergebnis durch 70 dividiere, das Ergebnis dann mit 30 multipliziere, danach 10 subtrahiere und die erhaltene Zahl durch 40 dividiere, erhalte ich 5.

○

☐ →	: 2 →	+ 50 →	→	→	→	→	5
☐ ←	· 2 ←	– 50 ←	←	←	←	←	5

○

☐ →	· 6 →	+ 120 →	→	☐
☐ ←	←	←	←	☐

○

☐ →	→	: 8 →	· 5 →	→	☐
☐ ←	←	←	←	←	☐

Das passt zu Aufgabe…

Ich hab's! Das ist doch Aufgabe …

© 2008 Oldenbourg Schulbuchverlag GmbH

1 Aus Eulalias Knobelbuch:

a) Sarah und Lena treffen sich am 26. Januar beim Eislaufen. Sarah geht jeden 4. Tag, Lena regelmäßig nur am Montag zum Eislaufen. Wann treffen sich die beiden wieder beim Eislaufen?

b) Die erste von 3 Zahlen ist 75. Die zweite Zahl ist um 23 größer als die 3. Zahl. Alle Zahlen zusammen ergeben 246.

c) Eine vierstellige Zahl hat an der Tausenderstelle die kleinste ungerade Zahl, an der Hunderterstelle die kleinste gerade Zahl Die Summe dieser beiden Zahlen ist die Ziffer an der Zehnerstelle. An der Einerstelle steht die größte einstellige gerade Zahl.

d) Von den 29 Kindern der Klasse 4b spielen 8 Kinder Tennis, 3 davon singen auch noch im Chor. 7 Kinder spielen weder Tennis noch singen sie im Chor. Wie viele Kinder der Klasse 4b singen im Chor?

2 Unter welchem Baum ist ein Schatz vergraben? Kreuze an.

– Der Baum mit dem Schatz steht nicht direkt neben einem anderen Baum.
– Neben dem Baum mit dem Schatz wachsen keine Pilze.

© 2008 Oldenbourg Schulbuchverlag GmbH

Informationen entnehmen

❶ Stefan kauft sich ein gebrauchtes ____________ für ________.
Die ____________ und der ____________ kosten zusammen ______ .
Dazu sucht er sich noch ___ Guppys aus. Ein Fisch kostet ______.
Stefan hat insgesamt _______ zur Verfügung. Reicht sein Geld?

a) Ergänze die fehlenden Textteile.

Aquarium | Heizung | Innenfilter | 65 € | 90 € | 7,50 € | 200 € | 2

b) Rechne.

Antwort: ____

❷ Miriam und Jan haben insgesamt 35 € gespart. Sie möchten für ihr Aquarium noch dieses Zubehör kaufen.

a) Wie viel kostet das Zubehör insgesamt?

Antwort: ______________________________

b) Reicht ihr Geld auch noch für eine Wasserpflanze zu 7,60 €?

Antwort: ______________________________

❸ Bitterlingsbarben werden ungefähr 5 cm lang. Sie leben in einem Schwarm. Im Aquarium sollte man mindestens 7 Fische zusammen halten.
Neonsalmer werden etwa 4 cm lang. Auch sie leben im Schwarm. 10 Fische sollten mindestens zusammen sein.
Wie viel Liter muss ein Aquarium für beide Schwärme fassen?

a) Welche Information brauchst du noch, um diese Aufgabe zu lösen.

◯ Ein Fisch, der 1 cm groß ist, braucht 4 l Wasser, ein Fisch, der 2 cm lang ist, 8 l Wasser usw. ...

◯ In einem runden Gefäß fühlt sich kein Fisch wohl.

◯ Ein Aquarium sollte mindestens 60 Liter Wasser fassen.

b) Rechne.

Antwort: ______________________________________

© 2008 Oldenbourg Schulbuchverlag GmbH

Sachaufgabenwerkstatt:

Mit Skizzen zur Lösung

Zeichne und löse die Aufgaben.

❶ Entlang eines 300 Meter langen Weges sollen auf beiden Seiten Bäume gepflanzt werden. Sie sollen im Abstand von 50 m stehen. Wie viele Bäume werden benötigt?

Antwort: ______________________________

❷ Marlene hat um 13.15 Uhr Schulschluss. Für den Heimweg braucht sie 20 Minuten, für das Mittagessen eine halbe Stunde. Ein Spaziergang mit Bello dauert 45 Minuten. Für den Weg zum Kino plant sie 15 Minuten ein. Wie viel Zeit bleibt Marlene für die Hausaufgaben, wenn die Vorstellung um 16 Uhr beginnt?

Antwort: ______________________________

❸ Ein Faultier kriecht auf einen Baum, der 9 m hoch ist. Jeden Tag schafft es 3 m, rutscht aber dann vor Erschöpfung einen Meter wieder hinunter. Wie viele Tage braucht es, bis es oben am Baum angekommen ist?

Antwort: ______________________________

© 2008 Oldenbourg Schulbuchverlag GmbH

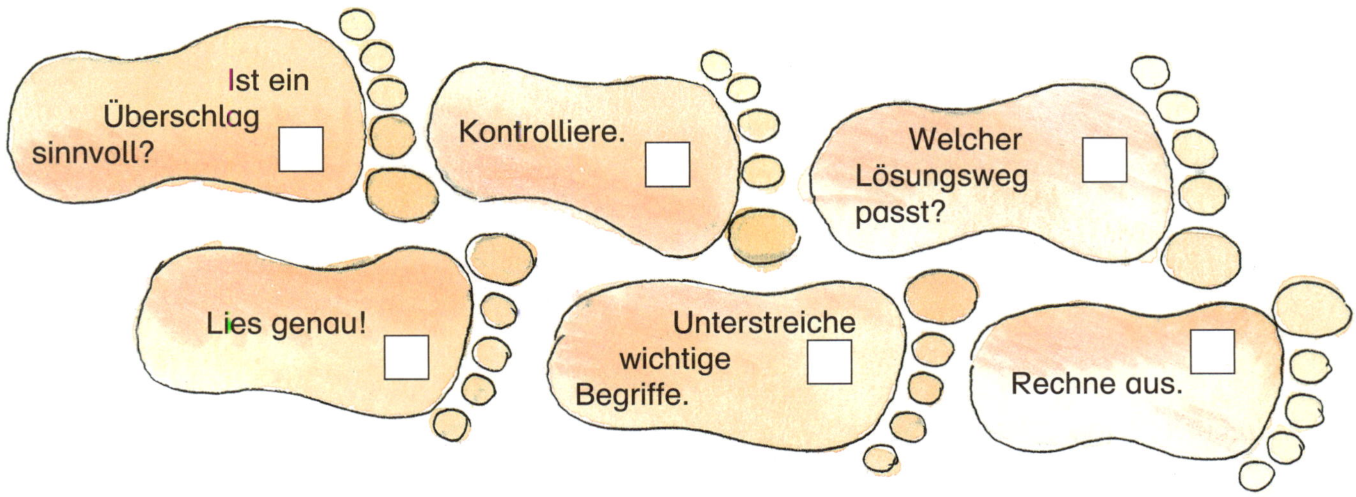

❶ Bringe die Lösungsschritte in die richtige Reihenfolge. Trage Nummern ein.

❷ Ein Radfahrer radelt um 10.00 Uhr von Talheim ins 45 km entfernte Bergdorf. Er fährt 18 km in der Stunde.
Ein anderer Radfahrer startet um dieselbe Zeit von Bergdorf nach Talheim, er fährt 12 km in der Stunde. Wann treffen sie sich?

Löse die Aufgabe. Beachte die 6 Lösungsschritte.

❸ Löse nun auch diese Aufgabe mithilfe der Lösungsschritte.

Ein Autobahntunnel soll 4 200 m lang werden. 1 800 m sind bereits fertiggestellt. Die Baufirma arbeitet von beiden Seiten gleichzeitig. Täglich werden auf der einen Seite 32 m, auf der anderen Seite 28 m fertiggestellt. Nach wie vielen Arbeitstagen ist der Tunnel fertig?

© 2008 Oldenbourg Schulbuchverlag GmbH

Bist du fit?

Hohlmaße – Rätsel – Sachaufgaben

1 Immer zwei Tropfen ergeben einen Liter. Male sie mit der gleichen Farbe an.

575 ml | 0,1 l | 125 ml | 0,25 l | 425 ml | 0,9 l | 875 ml | 0,75 l

2 Was wird wahrscheinlich in Milliliter gemessen? Kreuze an.

○ eine Menge Flüssigkeit in einem Teelöffel ○ das Gewicht einer Nadel
○ die Benzinmenge in einem Autotank ○ Parfum ○ eine Badewannenfüllung

3 Vergleiche mit <, >, =.

a) 0,5 l ○ 500 ml	b) $\frac{1}{4}$ l ○ 0,33 l	c) 200 ml ○ $\frac{1}{2}$ l
250 ml ○ $\frac{1}{8}$ l	0,7 l ○ 700 ml	1000 l ○ 1 l
$\frac{1}{2}$ l ○ 750 ml	0,1 l ○ 50 ml	150 ml ○ $\frac{1}{8}$ l

4 Rechenrätsel

a) Ich denke mir eine Zahl, multipliziere sie mit 50, dividiere das Ergebnis durch 90, addiere 20, multipliziere das Ergebnis mit 4 und erhalte 100.

b) Ich subtrahiere von meiner Zahl 150, dividiere das Ergebnis durch 10, multipliziere dieses Ergebnis mit 3, dividiere das Ergebnis durch 6 und erhalte das Vierfache von 5.

a) □ → ○ → □ → ○ → □ → ○ → □ → ○ → □

b) □ → ○ → □ → ○ → □ → ○ → □ → ○ → □

5 Zwei verschieden große Gefäße sind beide bis zum Rand mit Wasser gefüllt. Zusammen enthalten beide 277 Liter. Wenn vom größeren Gefäß 126 Liter und vom kleineren Gefäß 76 Liter abfließen, so bleibt im größeren Gefäß genau doppelt so viel Wasser wie im kleinen Gefäß. Wie viele Liter waren zu Beginn in jedem der Gefäße?

Antwort:

© 2008 Oldenbourg Schulbuchverlag GmbH

❶ Kreise immer die Stellen ein, die du zusammen liest.
Lies die Zahlen dann vor. Schreibe sie mit Leselücken auf.

(34)(617)	903122
461789	3400351
3176663	30012

34 617

❷ Verbinde jede Sprechblase mit der passenden Zahlenkarte.

viertausend

achthunderttausend

drei Millionen

neuntausend

siebentausend

sechzigtausend

vier Millionen

zwanzigtausend

sechs Millionen

neunhunderttausend

vierhunderttausend

siebzigtausend

8	0	0	0	0	0

7	0	0	0

9	0	0	0

3	0	0	0	0	0	0

4	0	0	0

6	0	0	0	0	0	0

6	0	0	0	0

4	0	0	0	0	0	0

4	0	0	0	0	0

7	0	0	0	0

2	0	0	0	0

9	0	0	0	0	0

❸ Welcher Wurm frisst welchen Apfel? Verbinde.
Tipp: Teile die langen Zahlwörter so ein, dass du sie gut lesen kannst.

- vierunddreißigtausendzweihundertfünfunddreißig
- achthundertdreißigtausendneunhundertvierundvierzig
- siebentausendfünfhundertsechzig
- siebzigtausend
- sechstausend
- drei Millionen vierhunderttausend
- eintausendsechshundertdreiundvierzig
- vierhundertdreiundzwanzigtausendzwölf

7 560 · 34 235 · 6 000 · 3 400 000 · 70 000 · 830 944 · 1643 · 423 012

© 2008 Oldenbourg Schulbuchverlag GmbH

❶ Zerlege. 78 355 = *70 000 + 8 000 + 300 + 50 + 5*

341 783 = ____________________

4 820 = ____________________

1 902 583 = ____________________

68 901 = ____________________

562 700 = ____________________

❷

		M	HT	ZT	T	H	Z	E	
a)	384 652								3HT 8ZT 4T 6H 5Z 2E
	905 322								________
	1 530 718								________
b)	________								1M 4ZT 3T 6H 2Z 5E
	________								9H 2M 8Z 2HT
	________								7E 6T 4M 1H 6ZT
c)	________								drei Millionen sechsundneunzig
	________								fünfundachtzigtausend
	________								vierhundertsiebentausend

❸ Wie heißt die Zahl?

50 000 + 20 + 300 000 + 4 000 = ____________

5 000 000 + 900 + 10 + 7 000 + 600 000 = ____________

700 000 + 5 + 90 + 600 + 20 000 + 4 000 = ____________

8 + 30 + 500 + 6 000 + 40 000 + 500 000 = ____________

600 000 + 30 000 + 2 000 + 500 + 40 + 1 = ____________

400 + 30 000 + 80 + 5 + 6 000 + 200 000 = ____________

❹ Welche Zahlen kannst du aus diesen Karten bilden?
Beginne mit der kleinsten.

| 8 | 0 | 0 | 0 |

| 6 | 0 | 0 | 0 | 0 |

| 2 |

| 5 | 0 | 0 |

| 3 | 0 |

2, 30, 32, 500, 502, ____________________

____

____

____

© 2008 Oldenbourg Schulbuchverlag GmbH

1 Zähle in Schritten weiter:

150 000, 200 000, 250 000, 300 000, ______, ______, ______, 500 000

670 000, 677 000, 684 000, ______, ______, ______, ______, 719 000

199 995, 199 996, 199 997, ______, ______, ______, ______, 200 002

2 a) Trage Vorgänger und Nachfolger ein.

	600 000			473 852	
	399 000			530 499	
	712 569			899 899	

b) Nachbartausender. Male den Tausender an, der näher liegt.

	467 831			63 064	
	506 340			745 989	
	770 651			342 567	

c) Nachbarzehntausender. Male den Zehntausender an, der näher liegt.

	467 831			63 064	
	506 340			745 989	
	770 651			342 567	

d) Nachbarhunderttausender. Male den Hunderttausender an, der näher liegt.

	467 831			63 064	
	506 340			745 989	
	770 651			342 567	

3 Vergleiche mit $<$, $>$, $=$.

506 340	◯	560 340	65 340	◯	560 430	506 340	◯	506 034
234 567	◯	243 567	42 576	◯	34 257	234 765	◯	234 567
673 957	◯	391 004	78 462	◯	673 856	672 890	◯	45 271

4 Ordne nach der Größe. Beginne mit der kleinsten Zahl.

3892, 45 613, 5 310, 61 419, 1 300 250, 174

____

© 2008 Oldenbourg Schulbuchverlag GmbH

Ordne die Kärtchen den Zahlenstrahlen zu.

130 000 | 350 000 | 420 000 | 290 000 | 780 000 | 990 000 | 590 000 | 610 000 | 860 000

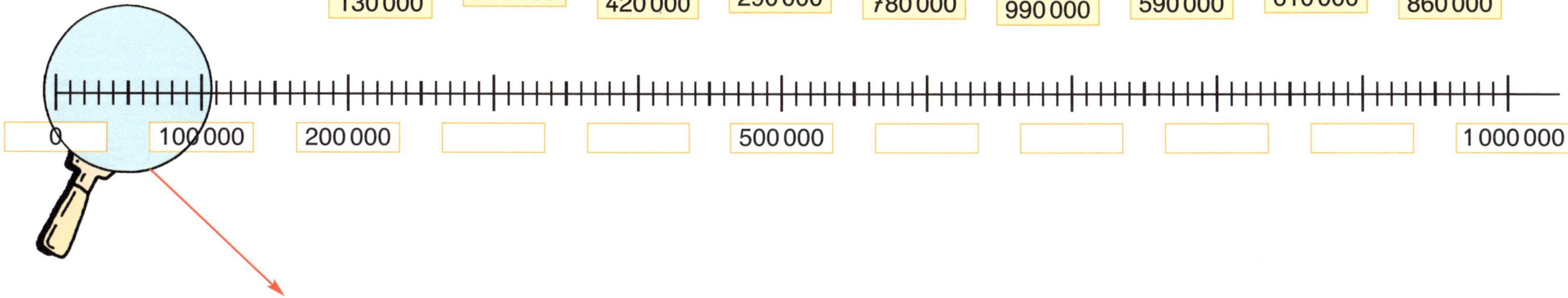

32 000 | 23 000 | 49 000 | 61 000 | 38 000 | 95 000 | 83 000 | 78 000 | 65 000

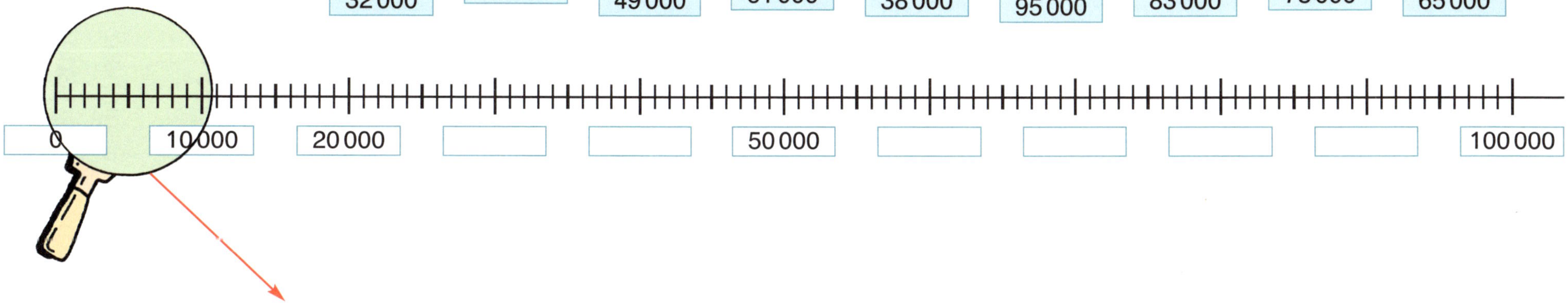

1 600 | 400 | 3 400 | 2 700 | 6 800 | 5 400 | 7 400 | 8 600 | 6 200 | 9 900

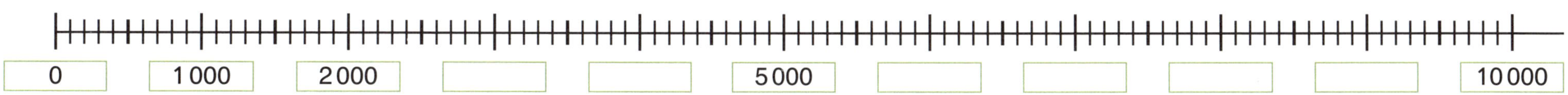

© 2008 Oldenbourg Schulbuchverlag GmbH

1 Zahlenrätsel

a) Meine Zahl ist fünfstellig und größer als 90 000. Sie hat lauter gleiche Ziffern. Wie heißt die Zahl?

b) Meine Zahl liegt genau in der Mitte zwischen 200 000 und 230 000. Welche Zahl ist es?

c) Meine Zahl ist sechsstellig. Sie ist kleiner als 500 000, aber größer als 400 000. Sie hat lauter gleiche Ziffern. Wie heißt meine Zahl?

d) Meine Zahl liegt zwischen 48 000 und 49 000. Sie hat als Ziffern 4 Vierer. Wie heißt sie?

e) Meine Zahl liegt zwischen 500 000 und 600 000. Sie besteht aus den Ziffern 0, 1, 2, 3, 4, 5. Ihre Ziffern sind der Reihe nach geordnet. Welche Zahl meine ich?

f) Meine Zahl ist kleiner als 800 000, aber größer als 757 557. Sie hat dreimal die Ziffer 7 und dreimal die 5. Findest du die Zahl?

g) Meine Zahl ist die größte sechsstellige gerade Zahl. Schreibe sie auf.

h) Meine Zahl ist die kleinste sechsstellige ungerade Zahl. Schreibe sie auf.

2 Wie heißen die Zahlen?

a)

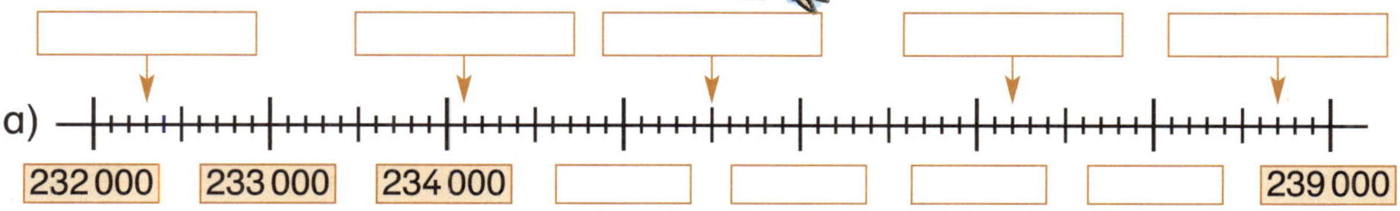

b)

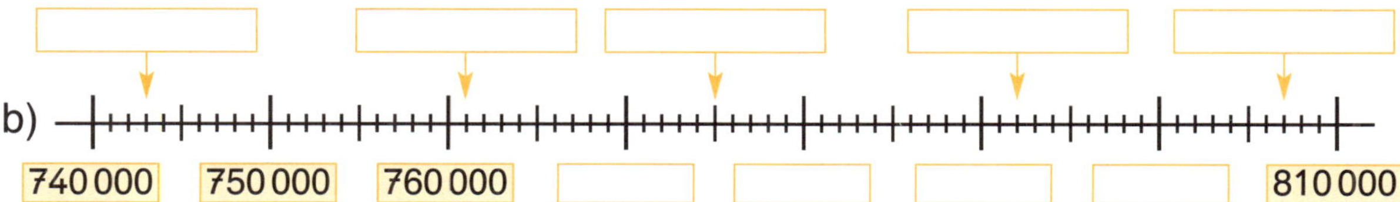

© 2008 Oldenbourg Schulbuchverlag GmbH

Der Quader

❶ Aus welchen Flächen kann man einen Quader bauen? Male sie gelb an.
Welche Flächen ergeben einen Würfel? Male sie blau an.

❷ Fülle die Tabelle aus. Vergleiche.

	Anzahl der Kanten	Anzahl der Ecken	Anzahl der Flächen	Flächenformen (Quadrat, Rechteck)
Würfel				
Quader				

❸ Immer 2 Teile ergeben einen Quader. Male sie mit der gleichen Farbe aus.

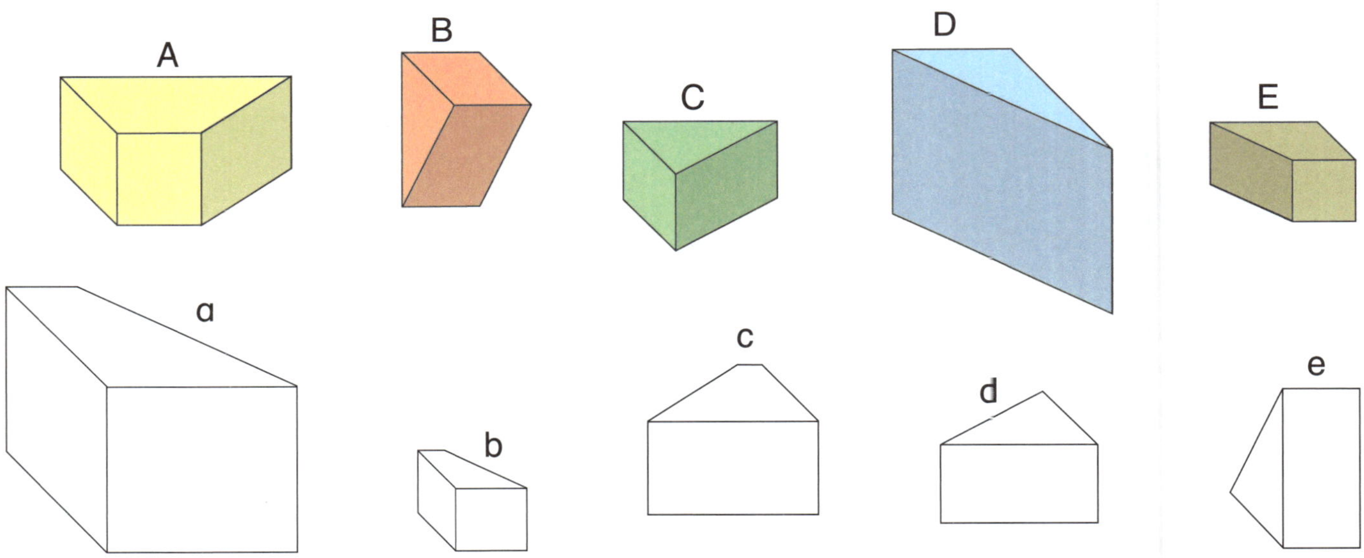

❹ Wie viel Geschenkband brauchst du, um das Paket zu schmücken?
Für die Knoten und die Schleife benötigst du 80 cm Band.

Antwort: ______________________________

© 2008 Oldenbourg Schulbuchverlag GmbH

❶ a) Färbe bei den Quadernetzen die Flächen gleich, die sich beim gefalteten Quader gegenüberliegen.

b) Zeichne bei den Würfelnetzen die Würfelaugen richtig ein!

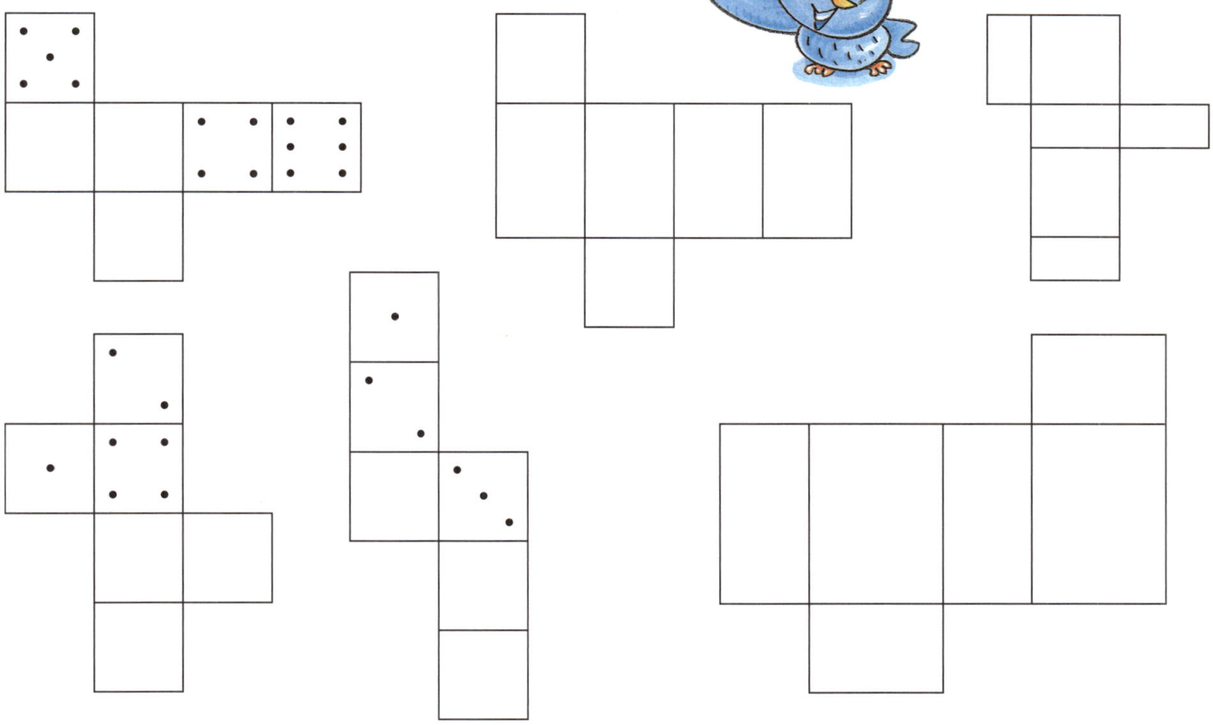

❷ Ergänze zu vollständigen Quadernetzen.

© 2008 Oldenbourg Schulbuchverlag GmbH

❶ Trage die fehlenden Zahlen ein und ordne die Zahlen zu.

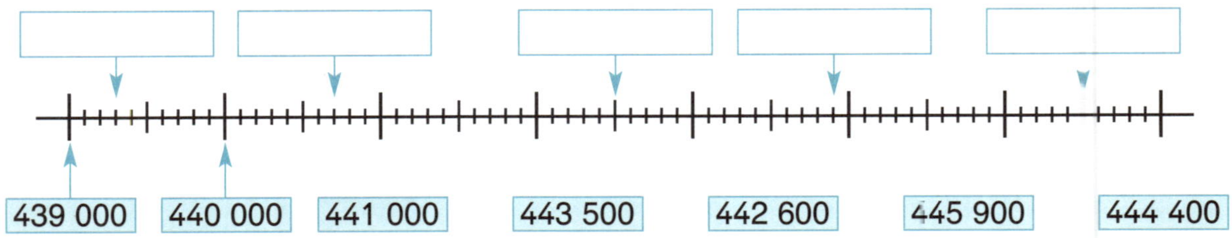

❷ Bilde aus den Ziffern jeweils die größte und die kleinste sechsstellige Zahl.

a) 8, 4, 2, 5, 1, 3

____________, ____________

b) 9, 0, 6, 7, 2, 4

____________, ____________

c) 3, 4, 9, 5, 1, 8

____________, ____________

d) 2, 7, 5, 9, 1, 0

____________, ____________

❸ Kreuze alle Quadernetze an.

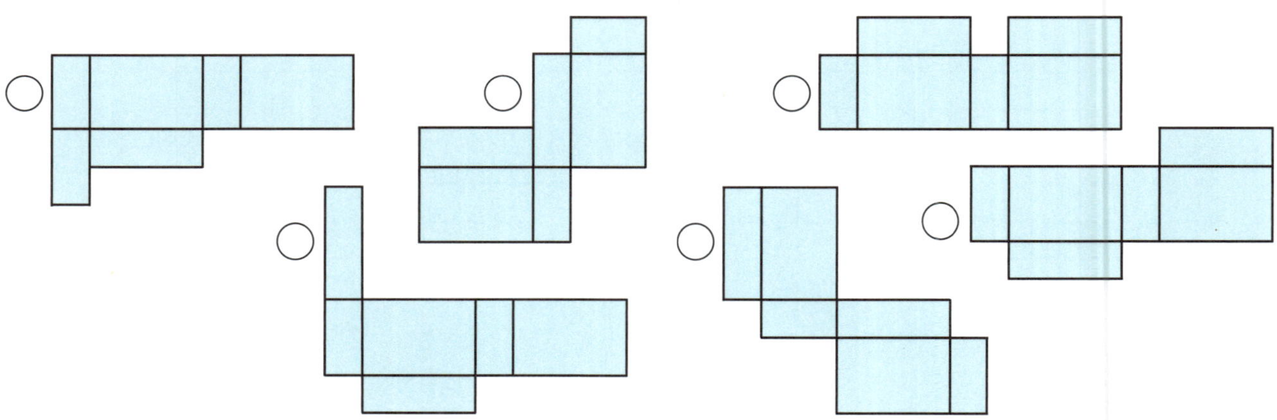

❹ Ergänze die fehlenden Teile, sodass jeweils ein Quadernetz entsteht. Färbe die Flächen, die sich gegenüber liegen, mit der gleichen Farbe.

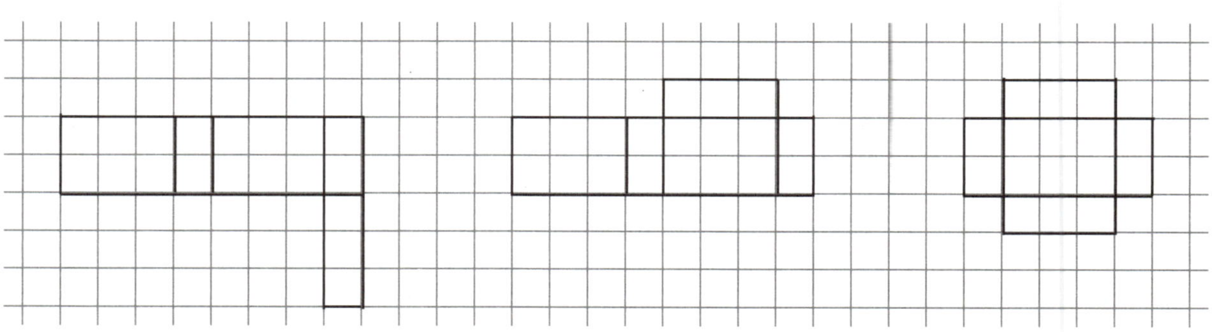

© 2008 Oldenbourg Schulbuchverlag GmbH

❶ Millionenfreunde

❷ Vorsicht!

a) 40 000 + 3 000 = ______
40 000 + 300 000 = ______
4 000 + 3 000 = ______
400 000 + 30 000 = ______

b) 500 000 – 20 000 = ______
50 000 – 20 000 = ______
500 000 – 200 = ______
5 000 – 2 000 = ______

❸ Lange Kettenrechnungen

600 000 + 3 000 + 20 + 8 + 40 000 + 5 000 =

800 000 + 7 000 + 10 + 5 + 50 000 + 1 000 =

9 000 + 7 + 80 000 + 300 + 500 000 + 400 =

40 000 + 20 000 + 500 + 6 + 300 000 + 90 =

❹ Spring im Päckchen.

a) 37 400 + 2 000 = ______
68 900 – 5 000 = ______
64 400 – 20 000 = ______
38 900 + 30 000 = ______
44 400 – 7 000 = ______
39 400 – 500 = ______
63 900 + 500 = ______

b) 264 000 + 600 000 = ______
964 000 + 36 000 = ______
856 000 + 10 000 = ______
994 000 – 730 000 = ______
866 000 + 98 000 = ______
1 000 000 – 6 000 = ______
864 000 – 8 000 = ______

❺ Rechentreppen: Rechne von unten nach oben.

35 799 + 42 100 =
35 700 + 42 100 =
35 700 + 42 000 =
35 000 + 42 000 =
35 000 + 40 000 =
30 000 + 40 000 =

853 777 – 221 000 =
853 000 – 221 000 =
853 000 – 220 000 =
850 000 – 220 000 =
850 000 – 200 000 =
800 000 – 200 000 =

© 2008 Oldenbourg Schulbuchverlag GmbH

❶ Eine Person verbraucht im Durchschnitt pro Tag 145 l Wasser. Wie hoch ist der Wasserverbrauch einer 5-köpfigen Familie an einem Tag (in einer Woche)?

Antwort: ______________________________

____

❷ Ein Toiletten-Spülgang verbraucht 7 l Wasser, für einmal Hände waschen rechnet man 2 l Wasser.
Wie viel Wasser verbraucht eine 5-köpfige Familie täglich (wöchentlich) auf der Toilette, wenn jede Person diese 5-mal pro Tag benutzt?

Antwort: ______________________________

____

❸ Julian und seine Eltern baden 2-mal pro Woche. Die Erwachsenen benötigen dafür jeweils 150 l Wasser, für Julian reichen 100 l. An den anderen Tagen duschen sie. Dabei verbraucht Julian jeweils 60 l Wasser, seine Eltern je 90 l.
Wie viel Wasser verbraucht die Familie für Baden und Duschen pro Woche?

Antwort: ______________________________

© 2008 Oldenbourg Schulbuchverlag GmbH

❶

9 · 8 = ___
9 · 80 = ___
9 · 800 = ___
9 · 8 000 = 72 000
___ = ___

7 · 5 = ___
___ = ___
7 · 500 = ___
___ = 35 000
7 · 50 000 = ___

❷ Aufgaben-Familien

a) 8 · 4

8 · 40 = ___
80 · 4 = ___
80 · 40 = ___
8 · 400 = ___
80 · 400 = ___
800 · 4 = ___
800 · 40 = ___
800 · 400 = ___

b) 3 · 7

3 · 70 = ___
30 · 7 = ___
30 · 70 = ___
3 · 700 = ___
30 · 700 = ___
300 · 7 = ___
300 · 70 = ___
300 · 700 = ___

❸ Merkaufgaben

100	1000	10 000	100 000
2 · ___	2 · ___	2 · ___	2 · ___
4 · ___	4 · ___	4 · ___	4 · ___
5 · ___	5 · ___	5 · ___	5 · ___
10 · ___	8 · ___	8 · ___	8 · ___

❹ Merkaufgaben entdecken – geschickt rechnen

a) 2 · 70 · 5 = 10 · 70 = ___
5 · 6 · 20 = ___ = ___
50 · 80 · 2 = ___ = ___

b) 5 · 25 · 4 · 70 = 5 · 100 · 70 = ___
8 · 6 · 4 · 25 = ___ = ___
5 · 3 · 200 · 4 = ___ = ___

© 2008 Oldenbourg Schulbuchverlag GmbH

1

56 : 7 = ___
560 : 7 = ___
5 600 : 7 = ___
56 000 : 7 = ___
___ = ___

30 : 6 = ___
300 : 6 = ___
3 000 : 6 = ___
___ = ___
___ = ___

2 Aufgaben-Familien

a) 63 : 9

630 : 9 = ___
630 : 90 = ___
6 300 : 9 = ___
6 300 : 90 = ___
6 300 : 900 = ___
63 000 : 9 = ___
63 000 : 90 = ___
63 000 : 900 = ___

b) 48 : 8

480 : 8 = ___
480 : 80 = ___
4 800 : 8 = ___
4 800 : 80 = ___
4 800 : 800 = ___
48 000 : 8 = ___
48 000 : 80 = ___
48 000 : 800 = ___

3

4	8	5
100 : 25	1 000 : ___	100 : ___
1 000 : ___	10 000 : ___	1 000 : ___
10 000 : ___	400 : ___	10 000 : ___
100 000: ___	200: ___	200: ___

4

56 880 : 8 =
56 800 : 8 =
56 000 : 8 =

1 920 : 60 =
1 860 : 60 =
1 800 : 60 =

72 270 : 90 =
72 180 : 90 =
72 090 : 90 =
72 000 : 90 =

2 444 : 4 =
2 440 : 4 =
2 400 : 4 =
2 000 : 4 =

© 2008 Oldenbourg Schulbuchverlag GmbH

1 a) Aus wie vielen Würfeln besteht der Körper?
b) Wie viele Würfel fehlen zum Quader?

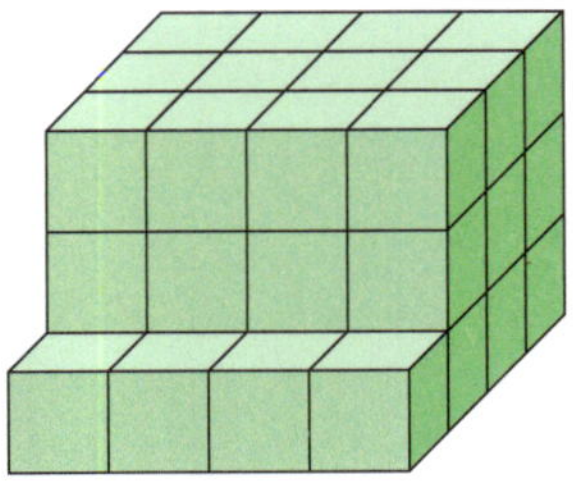

A
Würfel: ____
Es fehlen: ____

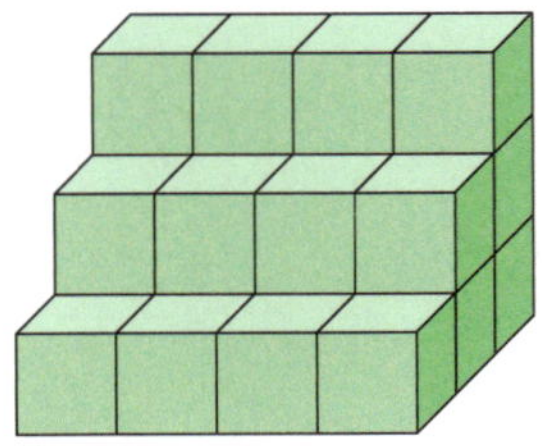

B
Würfel: ____
Es fehlen: ____

C
Würfel: ____
Es fehlen: ____

D
Würfel: ____
Es fehlen: ____

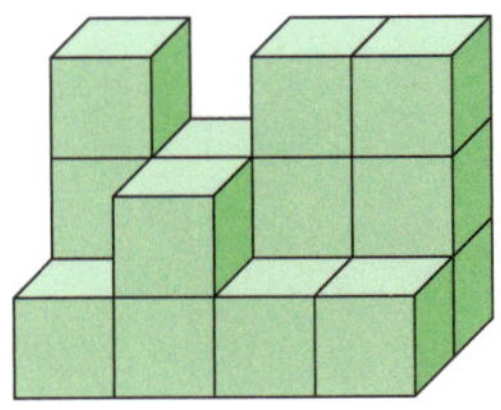

E
Würfel: ____
Es fehlen: ____

F
Würfel: ____
Es fehlen: ____

2 Welcher Bauplan passt zu welchem Würfelgebilde aus Nr. **1**?

a) Trage die Buchstaben ein.

2	2	1
1	1	2

____

3	2	3	3
1	2	1	1

____

3	3	3	3
2	2	2	2
1	1	1	1

____

3	2
3	2
6	2

____

b) Zwei Baupläne fehlen. Zeichne sie.

____

____

© 2008 Oldenbourg Schulbuchverlag GmbH

❶ Wie viele kleine Würfel sind in dem großen Würfeln?
Wie viele Würfel fehlen?

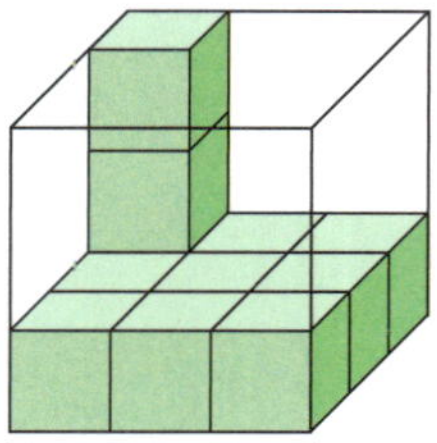

Würfel: ____
Es fehlen: ____

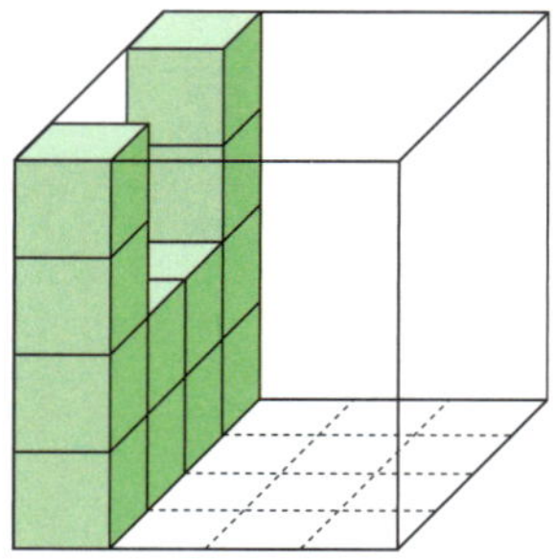

Würfel: ____
Es fehlen: ____

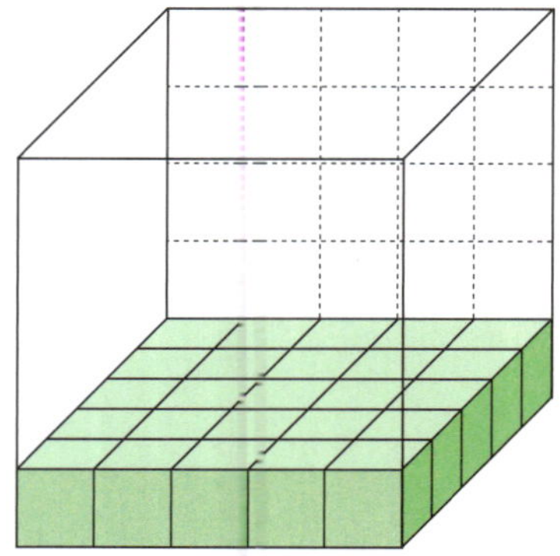

Würfel: ____
Es fehlen: ____

❷ Würfelpuzzle. Hier sind acht Würfelteile. Zwei gehören jeweils zusammen.
Schreibe ihre Buchstaben auf.

a) 

b) 

c) 

d) 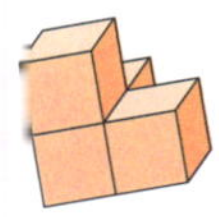

e) 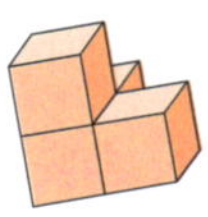

f) 

g) 

h) 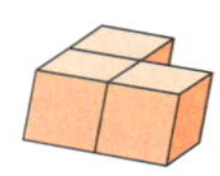

a und ____   ____ und ____   ____ und ____   ____ und ____

❸ So entsteht eine Würfeltreppe

Diese Würfeltreppe soll in gleicher Bauweise erweitert werden.

a) Wie viele Würfel hat diese Treppe? ____ Würfel

b) Es werden noch zwei Stufen dazugebaut.
Wie viele Würfel benötigt man? ____ Würfel
Wie viele Würfel hat die Treppe dann insgesamt? ____ Würfel

c) Wie viele Würfel hat die Treppe, wenn sie 7 oder gar 8 Stufen hat?
bei 7 Stufen ____ Würfel   bei 8 Stufen ____ Würfel

© 2008 Oldenbourg Schulbuchverlag GmbH

1 Kopfrechnen

50 000 + 20 000 = ____ 80 000 – 6 000 = ____

500 000 + 20 000 = ____ 80 000 – 60 000 = ____

50 000 + 2 000 = ____ 800 000 – 60 000 = ____

500 000 + 2 000 = ____ 8 000 – 600 = ____

2 Addieren und subtrahieren – das geht im Kopf!

66 500 + 6 000 = ____ 450 000 – 40 000 = ____

57 700 + 800 = ____ 620 000 – 300 000 = ____

640 200 + 8 000 = ____ 513 000 – 15 000 = ____

73 400 + 70 000 = ____ 300 000 – 54 000 = ____

3 Wie viel fehlt? Ergänze.

55 000 + ____ = 95 000 740 000 + ____ = 950 000

640 000 + ____ = 840 000 630 000 + ____ = 950 000

220 000 + ____ = 1 000 000 520 000 + ____ = 950 000

88 800 + ____ = 100 000 ____ + ____ = 950 000

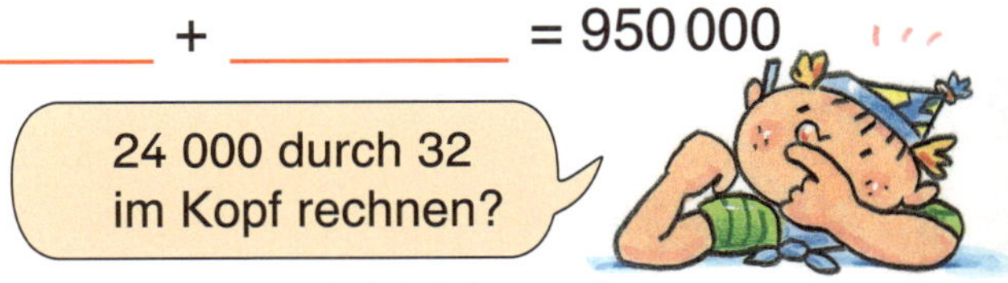

4 Multiplizieren und dividieren im Kopf

3 · 5 000 = ____ 3 · 3 000 = ____ 24 000 : 4 = ____

6 · 5 000 = ____ 6 · 3 000 = ____ 24 000 : 8 = ____

12 · 5 000 = ____ 9 · 3 000 = ____ 24 000 : 16 = ____

24 · 5 000 = ____ 18 · 3 000 = ____ 24 000 : 32 = ____

5 Dividieren

25 000 : 50 = ____ 27 000 : 3 = ____ 810 000 : 90 = ____

25 500 : 50 = ____ 27 900 : 3 = ____ 819 000 : 90 = ____

25 550 : 50 = ____ 27 921 : 3 = ____ 819 270 : 90 = ____

6 Wie viele Würfel fehlen, damit die Schachtel voll wird?

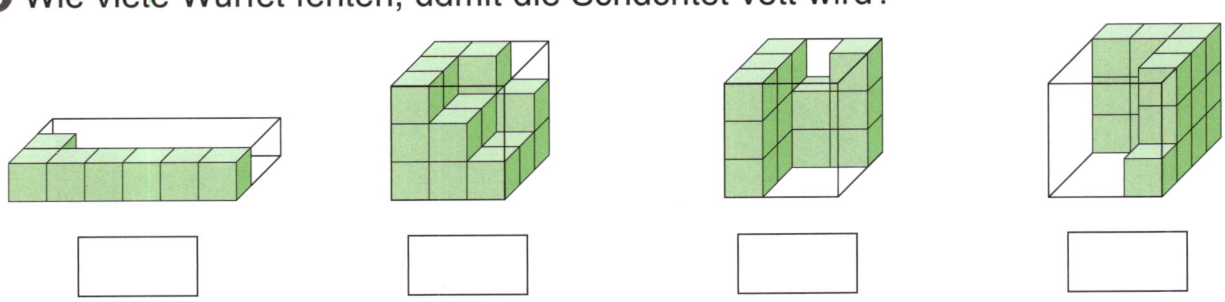

© 2008 Oldenbourg Schulbuchverlag GmbH

❶ Runde auf volle Hunderttausender, Zehntausender und Tausender.

	HT	ZT	T
561 814	≈ 600 000	≈ 560 000	
423 836			
742 477			
638 185			
193 498			

❷ Welche Zahlen könnten hier gerundet worden sein?
Schreibe die kleinsten/größten Zahlen auf.

gerundete Zahl	kleinste Zahl	größte Zahl
32 100	*32 050*	*32 149*
86 800		
29 700		
31 500		
85 600		

gerundete Zahl	kleinste Zahl	größte Zahl
840 000	*835 000*	*844 999*
120 000		
610 000		
280 000		
110 000		

❸

Stadienbesucher		Runde auf volle ZT	Runde auf volle T
1) Bayern München	69 901		
2) BVB Dortmund	81 168		
3) Bor. Mönchengladb.	49 464		
4) VfB Stuttgart	53 512		
5) Hertha BSC Berlin	64 843		
6) Eintracht Frankfurt	47 463		

❹ Vervollständige das Streifendiagramm. Benutze die gerundeten Tausenderzahlen.

1) München
2) Dortmund
3) Mönchengladbach
4) Stuttgart
5) Berlin
6) Frankfurt

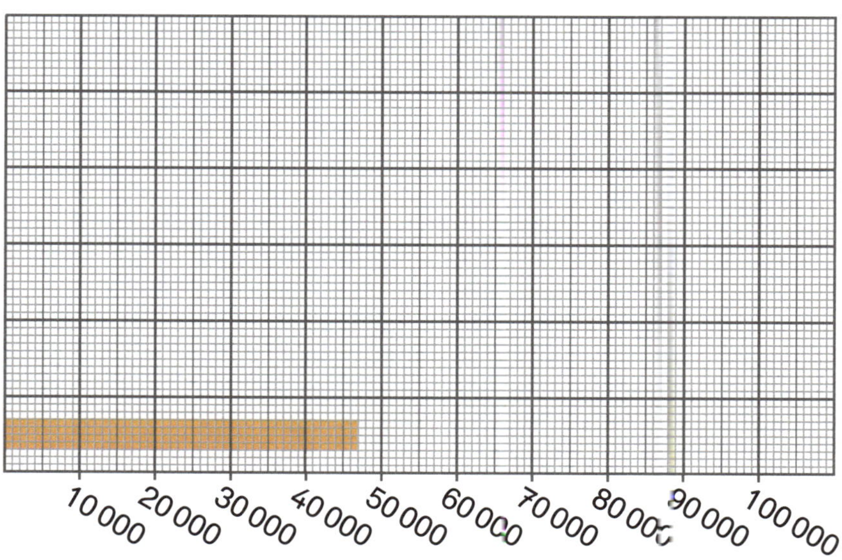

© 2008 Oldenbourg Schulbuchverlag GmbH

❶ Überschlage und rechne.

3574 + 2493	10912 + 4047	69786 + 3023
Ü: 3500 + 2500 =	Ü: 11000 + =	Ü: + =

12893 – 6104	7894 – 2953	10312 – 8028
Ü: – =	Ü: – =	Ü: – =

❷ Verbinde die Aufgabe mit dem passenden Überschlag.

❸ Verbinde die Aufgabe mit dem passenden Überschlag. Rechne den Überschlag aus.

2800 : 4 = ____
5600 : 8 = ____
6300 : 9 = ____
450 : 5 = ____

466 : 5	398 : 5
6218 : 9	5200 : 7
5732 : 8	763 : 9
2941 : 4	792 : 9

810 : 9 = ____
4900 : 7 = ____
720 : 9 = ____
400 : 5 = ____

© 2008 Oldenbourg Schulbuchverlag GmbH

Tierisch schwer!

❶ Tierbabys sind bei ihrer Geburt unterschiedlich schwer.
Erstaunlich, wie schwer sie als erwachsenes Tier sind.

	Tierbaby	erwachsenes Tier
Pandabär	100 g	60 kg
Elefant	100 kg	6 t
Känguru	1 g	70 kg
Giraffe	60 kg	1 200 kg
Blauwal	3 t	150 t
Tiger	1 kg	300 kg

a) Ordne die Tiere nach ihrem Geburtsgewicht.

Känguru, ________, ________, ________, ________, ________

b) Verändert sich die Reihenfolge, wenn die Tiere erwachsen sind? Ordne.

________, ________, ________, ________, ________, ________

c) Welche Tiere wiegen erwachsen mehr als 500 kg?

________, ________, ________

d) Welche Tiere sind leichter als ein erwachsener Mensch (ca. 80 kg)?

________, ________

❷ Welche Aussagen stimmen für die erwachsenen Tiere? Kreuze an.

- ☐ Ein Tiger ist schwerer als eine Giraffe.
- ☐ 20 Pandabären sind genau so schwer wie eine Giraffe.
- ☐ Ein Blauwal ist 25-mal schwerer als ein Elefant.
- ☐ Ein Känguru ist leichter als ein Pandabär.
- ☐ 2 Pandas und 2 Kängurus sind leichter als ein Tiger.
- ☐ Der Blauwal ist schwerer als alle anderen Tiere zusammen.

❸ Berechne den Nahrungsmittelverbrauch eines Zoo-Elefanten in 2 Tagen, in 30 Tagen und in einer Woche.

Tage	Heu	Mehl	Brot	Obst/Gemüse	Salz	Laub/Blätter
1	45 kg	3 kg	2 kg	12 kg	250 g	50 kg
2						
7						
30						

© 2008 Oldenbourg Schulbuchverlag GmbH

❶ Rechne schriftlich.

5 2 7 · 8	6 7 3 · 4	5 8 9 · 2	7 6 1 · 7	4 9 2 6 · 5

1 178, 2 692, 4 216, 5 327, 24 630

❷ Überschlage und ordne die Aufgaben ein. Rechne dann nach.

a) 573 · 6
b) 724 · 4
c) 394 · 8
d) 693 · 3
e) 476 · 9
f) 551 · 6
g) 617 · 7
h) 813 · 5

Ergebnis kleiner als 3 000	Ergebnis zwischen 3 000 und 4 000	Ergebnis größer als 4 000

a) 5 7 3 · 6

b)

c)

d)

e)

f)

g)

h)

❸ Zwei Ergebnisse sind falsch. Finde sie mithilfe des Überschlags heraus. Streiche die falschen Ergebnisse durch und verbessere.

a) 9 4 0 5 · 3 = 2 8 2 1 5

b) 6 0 4 0 · 5 = 3 2 0 0

c) 5 0 7 6 · 6 = 3 0 4 5 6

d) 8 0 0 4 · 9 = 7 2 3 6

Überschlag:

❹ Ergänze fehlende Ziffern.

□ 5 4 3 · 7 = 4 5 □ □ □

□ 8 4 7 · 6 = 3 5 □ □ 2

□ 7 1 □ · 3 = 1 1 □ 4 2

□ 8 1 2 · 9 = 8 8 3 □ 8

© 2008 Oldenbourg Schulbuchverlag GmbH

1

117 · 50   486 · 200   1584 · 400   3003 · 30

103 · 90   807 · 600   2172 · 300

Alle Ergebnisse haben die Quersumme 18.

2 a) 806 · 400   767 · 200   707 · 600

b) 509 · 700   362 · 500   403 · 900

Die Ergebnisse in jeder Reihe ergeben zusammen 900 000.

3 Ü: 4000 · 50 =

3904 · 50   7050 · 600   12105 · 70

4 Bilde mit den Zahlenkärtchen Aufgaben, deren Ergebnis zwischen 70 000 und 80 000 liegt.

384   251   186   ·   400   300   200

© 2008 Oldenbourg Schulbuchverlag GmbH

❶ Rechne schriftlich.

33 · 17	69 · 24	526 · 81	369 · 74

561, 1 656, 27 306, 42 606

❷ a) Wo steckt ein Fehler? Verbinde mit dem entsprechenden Fehlerteufelchen.

418 · 76	372 · 15	921 · 32	754 · 98
2502	1860	1842	63560
+ 29260	+ 3720	+ 2763	+ 5602
1		1 1	1
31762	4580	4605	69162

b) Rechne richtig:

❸ Schaffst du die zweite Aufgabe jeweils im Kopf?

a) 650 · 14 325 · 28

b) 842 · 23 421 · 46

❹ Welche Zahlen fehlen?

□21 · 36	□4□ · 27	6□4 · 99	□43 · 65
156□□	18960	543□	□715
+ □□26	+ □□□□	+ □□360	+ 44580
□□□□□	□□□□□	□□□□□	□□□□□

18 756, 25 596, 48 295, 59 796

© 2008 Oldenbourg Schulbuchverlag GmbH

Viele, viele Malaufgaben

❶ Rechne nur die Aufgaben, deren Ergebnis zwischen 4 000 und 5 000 liegt.

59 · 74   22 · 24   45 · 95   63 · 78   86 · 44

❷ Wie heißt das Lösungswort? ☐☐☐☐ R!

705 · 26   327 · 89   801 · 73   628 · 44

17 763	18 330	24 700	27 632	29 103	36 704	43 721	58 473
B	S	R	E	U	Z	A	P

❸ Schöne Ergebnisse

481 · 21   962 · 42   555 · 91   1 554 · 39

❹ Welche Nachbarzahlen ergeben genau das angegebene Ergebnis, wenn man sie multipliziert?

21 · ☐	☐ · ☐	☐ · ☐	☐ · ☐
462	1 122	2 070	6 642

© 2008 Oldenbourg Schulbuchverlag GmbH

Schriftliches Multiplizieren

❶ Immer 2 Aufgaben haben das gleiche Ergebnis.
Umrahme mit der gleichen Farbe.

597 · 4	15967 · 3	1905 · 8	756 · 6	1298 · 9
3048 · 5	6843 · 7	398 · 6	5841 · 2	504 · 9

❷ Überschlagsrechnen
Welcher Überschlag kommt dem Ergebnis am nächsten?
Kreuze an und rechne nach.

19 · 31	88 · 52	487 · 25
○ 10 · 30	○ 80 · 50	○ 400 · 20
○ 20 · 30	○ 90 · 50	○ 400 · 30
○ 10 · 40	○ 80 · 60	○ 500 · 30
○ 20 · 40	○ 90 · 60	○ 500 · 20

❸ Verbinde die Aufgabe mit dem passenden Überschlag.

4637 : 5	5600 : 80
74652 : 9	10000 : 20
5710 : 80	80000 : 40
9710 : 20	4500 : 90
82856 : 40	72000 : 9
4585 : 90	4500 : 5

❹ „Mal-Zahl" gesucht.

621 · ___ = 31050	387 · ___ = 2709	1459 · ___ = 11672
639 · ___ = 51120	983 · ___ = 4915	
543 · ___ = 38010	327 · ___ = 19620	984 · ___ = 5904

5 6 80 8 50 7 70 60

© 2008 Oldenbourg Schulbuchverlag GmbH

Frisches im Supermarkt!

❶ Frau Schaudig kauft ein. Wie viel muss sie bezahlen?

Einkauf	Einzelpreis	Menge	Gesamtpreis
2 Ananas	1,29 €	2	
5 Kiwis			
Trauben			
3 Salate			
		Summe:	

Antwort: ______________________________

❷ Melanie und Petra holen sich 1 kg Mandarinen und 4 Kiwis.
Sie haben einen 5-Euro-Schein. Reicht das?

Antwort: ______________________________

❸

Du kaufst ein. Berechne den günstigsten Preis.

5 Brötchen	27 ct · 5 =
20 Brötchen	
5 Berliner	
10 Berliner	
3 Kirschtörtchen	
4 Kirschtörtchen	

© 2008 Oldenbourg Schulbuchverlag GmbH

❶ Die vierten Klassen der Erich-Kästner-Schule besorgen für das Klassenfest:

Einkauf	Einzelpreis	Gesamtpreis
3 Becher Quark		
50 Brezeln	0,45 €	
2 kg Weintrauben		
3 kg Bananen		
2 Honigmelonen		
2 Päckchen Butter		
	Insgesamt:	

❷ An Speisen werden verkauft:
50 Butterbrezeln, 22 Obstspieße, 25 Becher Früchtequark.

a) Wie viel wurde eingenommen?

Zusammen:

Brezel ______ €

Spieße ______ €

Quark ______ €

Summe ______ **€**

b) Wie hoch ist der Erlös?

Einnahme: ______ €

Ausgabe: ______ €

Erlös: ______ €

© 2008 Oldenbourg Schulbuchverlag GmbH

Das brauchst du für 4 Mini-Pizzen:
120 g Mehl, 10 g Hefe, $\frac{1}{4}$ TL Salz, 1 EL Öl, 70–80 ml lauwarmes Wasser. Zum Bestreichen des Teigbodens: 100 g passierte Tomaten, Salz, Pfeffer, Oregano

Belag für 4 Mini-Pizzen „Speziale":
70 g rohe, in Streifen geschnittene Salami, 50 g Mais, 60 g Champignons, 80 g grob geriebener Gouda

Belag für 4 Mini-Pizzen „Hawaii":
100 g Kochschinken, 4 Scheiben Ananas aus der Dose, 80 g grob geriebener Gouda

❶ Was wird benötigt?

	Pizza	Mehl	Tomaten	Ananas in Scheiben	Gouda	Kochschinken	Salami	Hefe	Mais	Champignons
Hawaii	4	120 g	100 g							
	6									
	8									
	10									
	12									
Speziale	4									
	6									
	8									
	10									
	12									

❷ Die 24 Kinder der Klasse 4a möchten Mini-Pizzen backen. Die eine Hälfte der Kinder backt Mini-Pizzen „Hawaii", die andere Hälfte Mini-Pizzen „Speziale". Was müssen die Kinder einkaufen? Sie können nicht immer die angegebene Menge genau kaufen.

	Mehl 1 kg	Tomaten 500 g	Ananas Dose 8 Scheiben	Gouda 500 g	Kochschinken 100 g	Salami 150 g	Hefe 42 g	Mais Dose 245 g	Champignons 250 g
Hawaii									
Speziale									
zusammen									
zu kaufen									

© 2008 Oldenbourg Schulbuchverlag GmbH

❶ Zeichne zu den Linien je 2 senkrechte Linien (blau) und 2 parallele Linien (grün). Markiere die rechten Winkel.

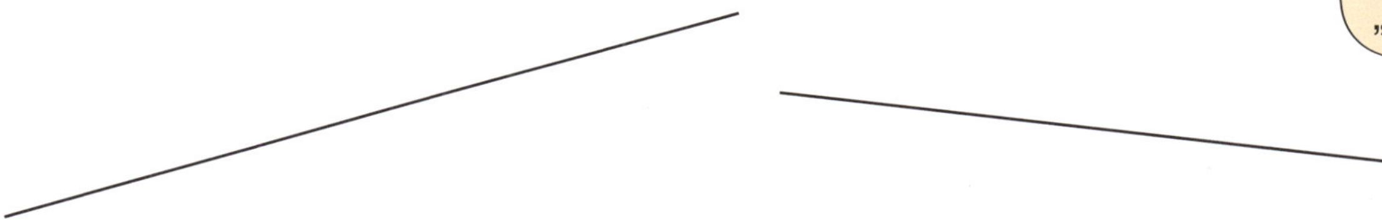

❷ Zeichne um jeden Punkt einen Kreis mit 1,5 cm Radius. Male das fertige Bild aus.

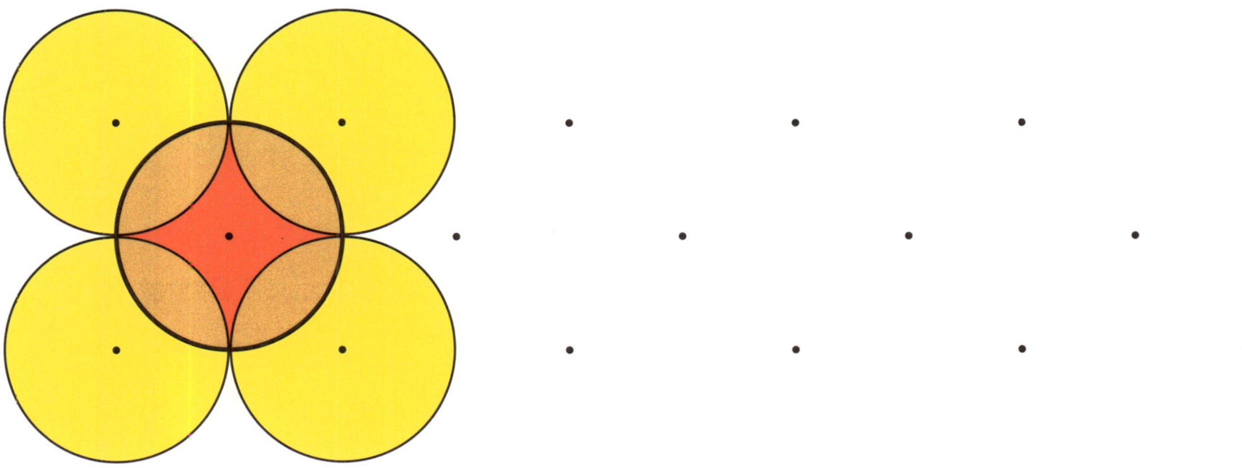

❸ Ergänze die Strecken zu Quadraten. Male die Flächen farbig aus.

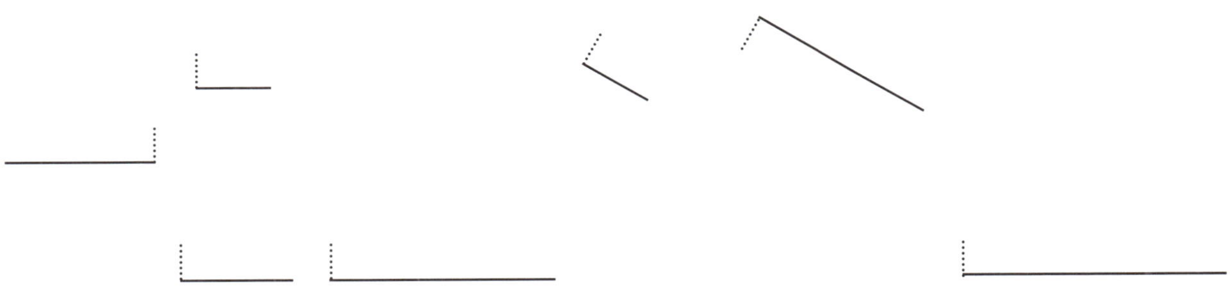

❹ Zeichne diese Muster mit Zirkel und Geodreieck in doppelter Größe.

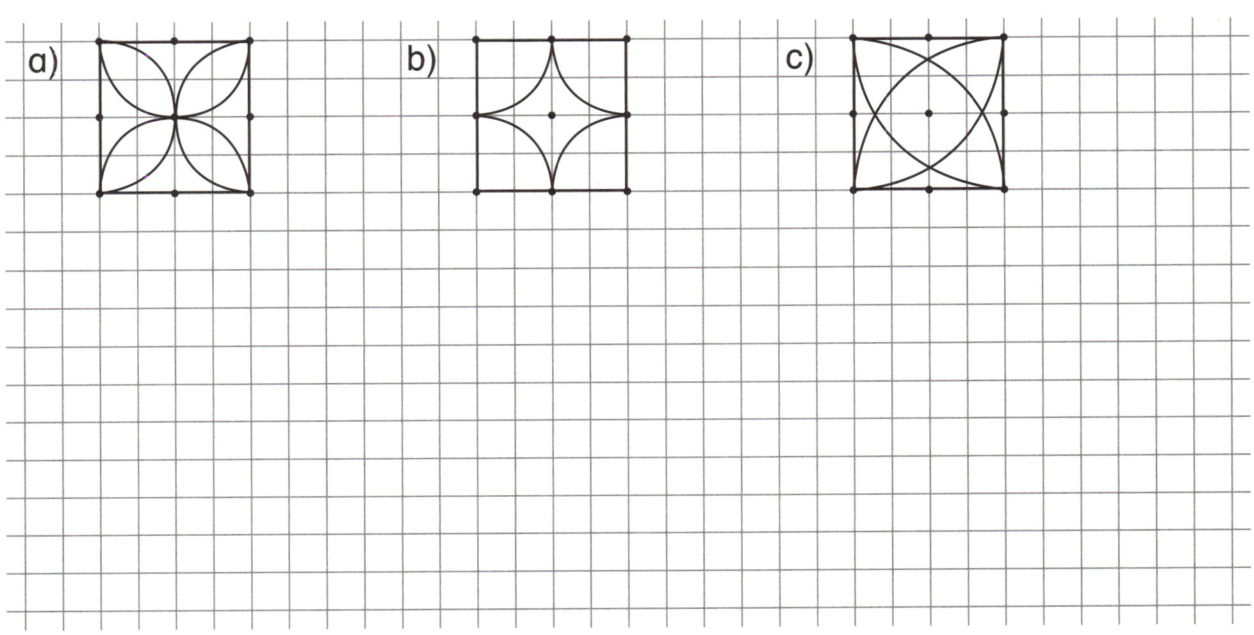

© 2008 Oldenbourg Schulbuchverlag GmbH

4 .... Preise berechnen – Geometrisches Zeichnen

❶ Günstige Angebote? Vergleiche.

	Schokolade	Brötchen	Joghurt
Einzelpreis	0,69 €		
Packungspreis	2,75 €		
Preis für 1 Stück in der Packung	2,75 € : 5 = 0,55 €		

❷ Sabine kauft günstig ein: 6 Tafeln Schokolade, 5 Joghurt und 12 Brötchen.
Wie viel muss sie bezahlen?

Einkauf	Kosten
6 Tafeln Schokolade	
5 Joghurt	
12 Brötchen	
Gesamtkosten	

Antwort: ______________________________

❸ Berechne die Preise für Käse. Rechne und schreibe in die Preistabelle.

Gouda	
1 kg	10,00 €
500 g	
250 g	
100 g	
200 g	

Bergkäse	
100 g	2,40 €
1000 g	
500 g	
250 g	
750 g	

Emmentaler	
1 kg	16,00 €
500 g	
250 g	
100 g	
200 g	

❹ Zeichne nach. Benutze Zirkel und Lineal.

© 2008 Oldenbourg Schulbuchverlag GmbH

❶ Dividiere schriftlich.

$771 : 3 =$

$952 : 8 =$

$835 : 5 =$

$7720 : 8 =$

$4488 : 6 =$

$2148 : 4 =$

119, 167, 257, 537, 748, 965

❷ Nummeriere die Schritte, die du beim schriftlichen Dividieren brauchst, in der richtigen Reihenfolge.

○ Zwischenkontrolle

○ Subtrahieren

○ Herunterholen der nächsten Stelle

○ Dividieren

○ Multiplizieren

❸ Wo liegt der Fehler? Markiere die „Fehlerstelle" farbig. Erkläre und rechne richtig.

```
 10824 : 6 = 184
- 6
  48
 -48
   024
   -24
     0
```

```
 2058 : 7 = 2931
-14
  65
 -63
   28
  -21
    7
    7
    0
```


© 2008 Oldenbourg Schulbuchverlag GmbH

Schriftlich dividieren mit Probe

❶ Rechne. Überschlage vorher. Mache die Probe.

a) 3288 : 6 =

Probe:

· 6

Ü: 3 000 : 6 =

b) 4848 : 8 =

Probe:

Ü:

c) 5334 : 7 =

Probe:

Ü:

❷ Achte auf die Null!

a) 8035 : 5 =

Probe:

Ü: 8 000 : 5 =

b) 30520 : 7 =

Probe:

Ü:

c) 180855 : 9 =

Probe:

Ü:

© 2008 Oldenbourg Schulbuchverlag GmbH

Dividieren – Schriftlich oder im Kopf

❶ Teile schriftlich und mache die Probe.

36574 : 6 =

P :

12890 : 3 =

P :

❷ Rechne. Kannst du jeweils die zweite Aufgabe lösen, ohne schriftlich zu rechnen?

73487 : 7 =

73486 : 7 = ______

49306 : 8 =

49308 : 8 = ______

❸ Wie weit schaffst du es im Kopf?

a)
4000 : 4 = ______
4800 : 4 = ______
4840 : 4 = ______
4848 : 4 = ______
4856 : 4 = ______

b)
4000 : 8 = ______
4800 : 8 = ______
4840 : 8 = ______
4848 : 8 = ______
4856 : 8 = ______

c)
4000 : 5 = ______
4800 : 5 = ______
4840 : 5 = ______
4848 : 5 = ______
4856 : 5 = ______

Rechne die restlichen Aufgaben schriftlich.

© 2008 Oldenbourg Schulbuchverlag GmbH

Dividieren mit Forscherblick

❶ a) Male an: ohne Rest | Rest 1 | Rest 2 | Rest 3.

3424 : 4 | 71417 : 4 | 29028 : 4 | 893411 : 4 | 79007 : 4 | 56322 : 4 | 9432 : 4 | 12850 : 4 | 3437 : 4

Eine Zahl ist durch 4 teilbar, wenn die letzten beiden Stellen ...

b) Löse die Aufgaben, die ohne Rest durch 4 teilbar sind.

❷ Rechne nur Aufgaben, bei denen kein Rest entsteht.

7620 : 3 | 84028 : 3 | 973421 : 3
13694 : 3 | 13521 : 3 | 522 : 3

Eine Zahl ist durch 3 teilbar, wenn die Quersumme ...

❸ Verändere die Zahlen an der Einerstelle so, dass sie durch 9 teilbar sind. Rechne.

1856 | 24047 | 831

Zahlenzauber D4 Arbeitsheft plus
© 2008 Oldenbourg Schulbuchverlag GmbH

❶ Tippe ein. Du kannst auch Zwischenergebnisse aufschreiben.

300 [+] 400 [=] [=] [=] ____________

1 300 [+] 1 300 [=] [=] [=] ____________

1 000 000 [:] 2 [=] [=] [=] ____________

100 000 [−] 30 000 [=] [=] [=] ____________

❷ Du kannst dich auch vertippen. Darum kontrolliere mit dem Überschlag!

a) 112 400 [+] 40 300 [=] ____________
Ü: ____________

b) 38 025 [−] 17 897 [=] ____________
Ü: ____________

c) 295 [·] 18 [=] ____________
Ü: ____________

d) 612 [:] 3 [=] ____________
Ü: ____________

❸ Aus wie vielen Würfeln besteht der 21. Turm?
Hat Bim recht?

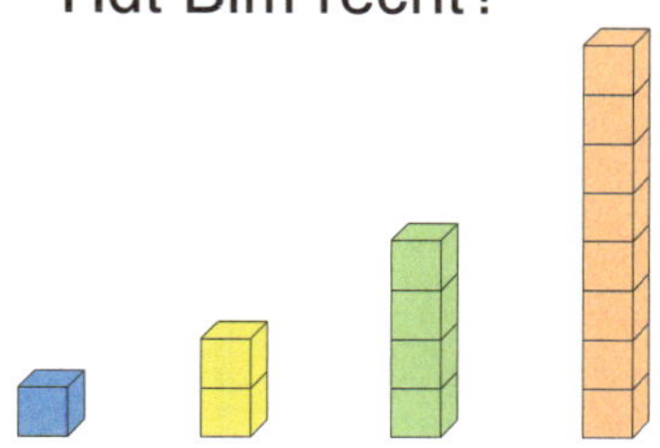

1 ____ 1.
2 ____ 2.
4 ____ 3.
8 ____ 4.
____ 5.
____ 6.
____ 7.
____ 8.
____ 9.
____ 10.

____ 11.
____ 12.
____ 13.
____ 14.
____ 15.
____ 16.

____ 17.
____ 18.
____ 19.
____ 20.
____ 21.

❹ **Einkaufen mit Köpfchen**
Eine Grundschule kauft Spiel- und Sportgeräte. Berechne den Gesamtpreis. Prüfe mit einem Überschlag.

Sport Petermann

Anzahl	Sportartikel	Einzelpreis	Überschlag	Gesamtpreis
12	Wurfring	4,05 €		
4	Pedalo	49,95 €		
8	Catchball	9,90 €		
10	Softball	7,80 €		
		Summe:		

© 2008 Oldenbourg Schulbuchverlag GmbH

Zahlenzauber und Zahlenrätsel

1 Schöne Ergebnisse

$199998 : 9 =$

$23028 : 4 =$

2 Zahlenrätsel: Trage die Zahlen in die Rechenkette ein. Rechne.

a) Ich denke mir eine Zahl, verdopple sie, addiere 1 500 und multipliziere dann mit 4. Das Ergebnis ist 17 352.

b) Wenn ich meine Zahl mit 300 multipliziere, 75 addiere und anschließend mit 7 multipliziere, erhalte ich 42 525.

Hier kannst du schriftlich rechnen!

3 Gleiches Zeichen – gleiche Zahl

○ · 500 = 3 500

5 355 : ○ = □

□ · 89 = ☁

☁ – □ = ⬭

Platz zum Rechnen!

© 2008 Oldenbourg Schulbuchverlag GmbH

Würfeln mit zwei Würfeln

❶ Hier werden die Würfelergebnisse addiert. Ergänze die Tabelle.

+	⚀	⚁	⚂	⚃	⚄	⚅
⚀	2	3	4			
⚁	3	4				
⚂						
⚃						
⚄						
⚅						

❷ Welches ist die kleinste Summe, die du mit 2 Würfeln würfeln kannst?

____

❸ Welches ist die größte Summe, die du mit 2 Würfeln würfeln kannst?

____

❹ Färbe alle geraden Summen rot, alle ungeraden blau.

❺ Gibt es mehr ungerade oder gerade Summen beim Würfeln mit 2 Würfeln?

____

❻ Beim Würfeln mit 2 Würfeln wird die Augensumme 2 wesentlich seltener gewürfelt als Augensumme 7.
Woran liegt das? Erkläre mithilfe der Tabelle.

____

____

____

❼ Hier werden die Würfelergebnisse multipliziert. Ergänze die Tabelle und färbe wie in Nr. 4.

·	1	2	3	4	5	6
1	1	2				
2	2					
3						
4						
5						
6						

❽

Regel 1:
Gerades Ergebnis gewinnt

Regel 2:
Ungerades Ergebnis gewinnt

Regel 3:
Ergebnis < 15 gewinnt

Regel 3:
Ergebnis > 15 gewinnt

Du möchtest gewinnen. Welche Regel würdest du wählen? Warum?

____

____

____

© 2008 Oldenbourg Schulbuchverlag GmbH

❶ Immer 2 Aufgaben haben das gleiche Ergebnis.
Umrahme mit der gleichen Farbe.

15176 : 8 =

4665 : 5 =

5691 : 3 =

27396 : 9 =

5598 : 6 =

6088 : 2 =

❷ Zahlenrätsel: Trage die Zahlen in die Rechenkette ein. Rechne.

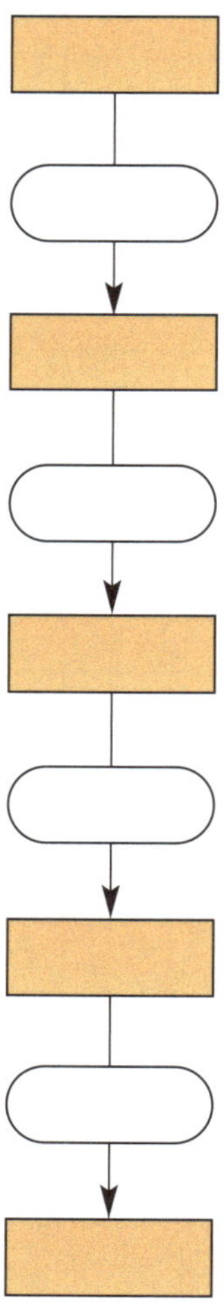

a) Wenn ich meine Zahl mit 9 multipliziere, dann 895 addiere, das Ergebnis durch 7 dividiere und jetzt halbiere, erhalte ich genau 8 000.

b) Ich denke mir eine Zahl, halbiere sie, addiere dann 146 641 und multipliziere das Ergebnis mit 3. Wenn ich nun 43 210 subtrahiere, erhalte ich 400 211.

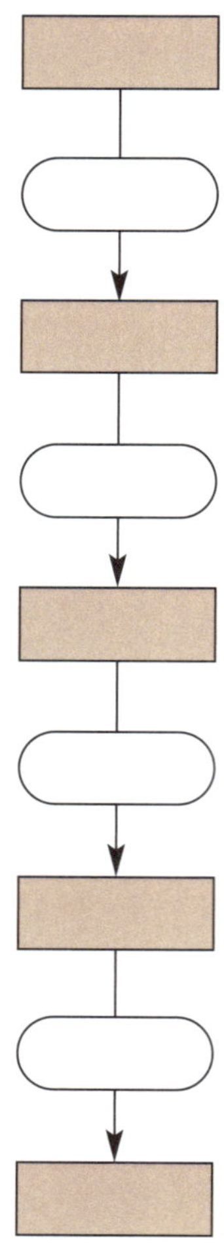

© 2008 Oldenbourg Schulbuchverlag GmbH

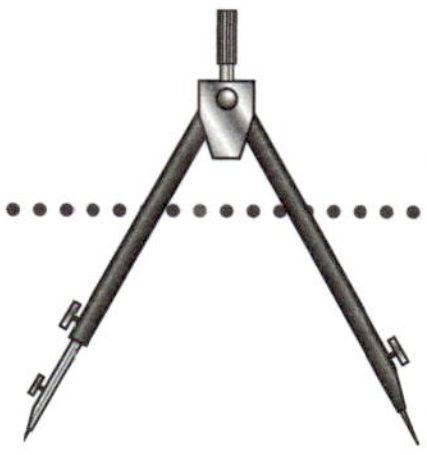

❶ Dividiere und mache die Probe mit der Multiplikationsaufgabe.

a) 12690 : 3 =
P :

b) 8640 : 5 =
P :

c) 1854 : 9 =
P :

d) 4578 : 7 =
P :

e) 36570 : 6 =
P :

f) 4936 : 4 =
P :

g) 25680 : 8 =
P :

h) 24030 : 9 =
P :

❷ Setze die Muster fort.

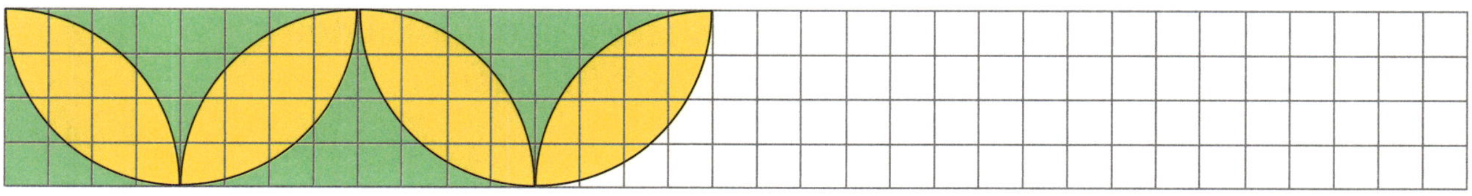

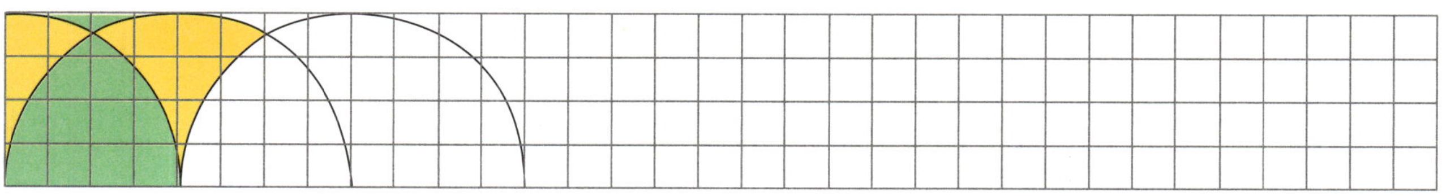

© 2008 Oldenbourg Schulbuchverlag GmbH

Geschwindigkeit: Beispiele aus der Natur

1 Der Vogelflug wird schon seit der Antike von Menschen studiert. Doch noch immer reicht die Flugkunst der technischen Fluggeräte nicht an diejenige der Vögel heran.

Den Weltrekord im „Flug am Stück“ halten die amerikanischen Waldsänger. Von Kap Cod aus fliegen sie in Richtung Südost ab und lassen sich dabei von den Winden teilweise schieben. Bis zu den Bermudas benötigen sie etwa 18 Stunden, von den Bermudas bis Antigua brauchen sie etwa 48 Stunden. Zirka 14 Stunden dauert der Flug dann noch bis zur Nordküste Südamerikas (Tobago).

a) Zeichne die Strecken mit den Flugzeiten in die Karte ein.

b) Wie viele Stunden Flug haben die Waldsänger hinter sich, wenn sie in Tobago ankommen?

c) Die Strecke, die die Vögel zurücklegen, beträgt etwa 3 600 km.
Berechne die Durchschnittsgeschwindigkeit pro Stunde.

2 Der Rubinkehlkolibri ist ebenfalls ein bemerkenswerter Flieger. Er legt die 2 000 km lange Strecke über den Golf von Mexiko ohne Zwischenstopp zurück. Der winzige Vogel schafft in einer Stunde 40 km. Wie viel Zeit braucht er für die Flugstrecke?

3 Auch der Mensch hat Langstreckenflieger entwickelt. Ein Großraumflugzeug legt in einer Sekunde 300 m zurück.

a) Wie viele Kilometer schafft das Flugzeug in einer Stunde?

b) Welche Strecke legt das Flugzeug in 8 Stunden zurück?

© 2008 Oldenbourg Schulbuchverlag GmbH

Kinder haben Teppiche ausgemessen und aufgezeichnet.
Hier sind verschiedene Teppiche verkleinert dargestellt.

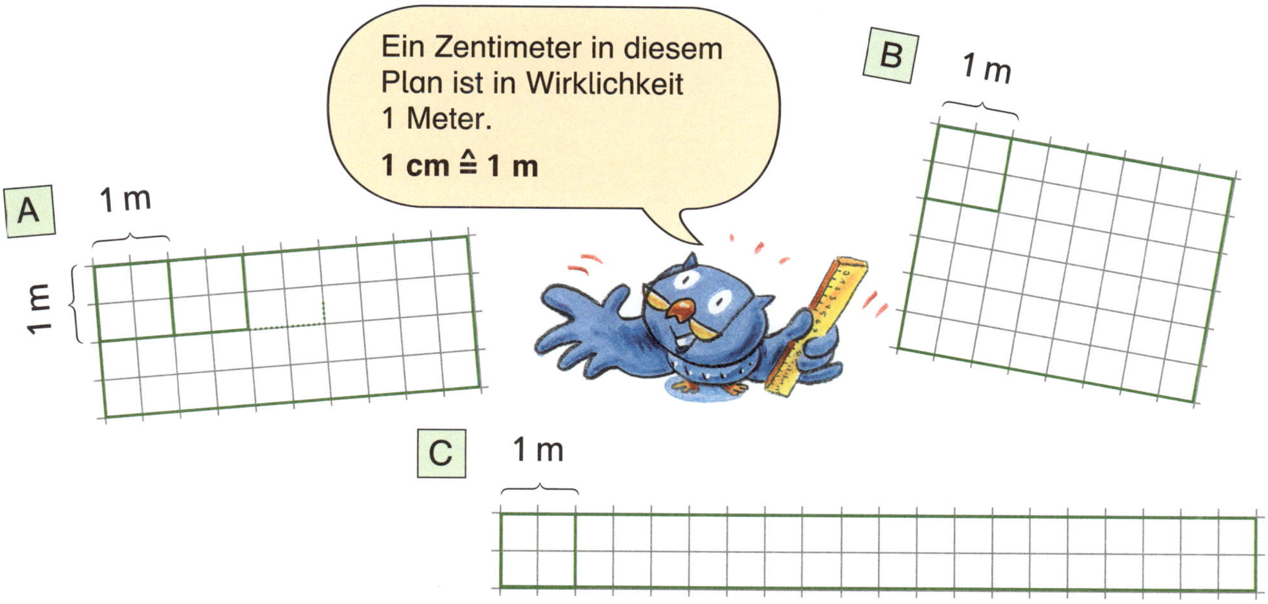

❶ Zeiche die Meterquadrate ein.
Wie groß ist die Fläche der Teppiche in Wirklichkeit?

Teppich A: ________ Meterquadrate
Teppich B: ________ Meterquadrate
Teppich C: ________ Meterquadrate

❷ Bestimme den Umfang der Teppiche in Wirklichkeit.

Teppich A: ________ Meter
Teppich B: ________ Meter
Teppich C: ________ Meter

❸ Welcher Teppich ist am teuersten?

Teppich	A	B	C
Kosten pro Meterquadrat	17 €	20 €	22 €

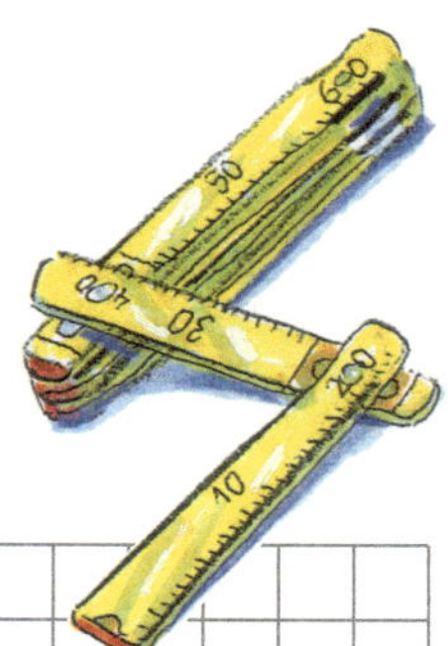

Antwort: ______________________________

© 2008 Oldenbourg Schulbuchverlag GmbH

Wanderparadies Balderschwang

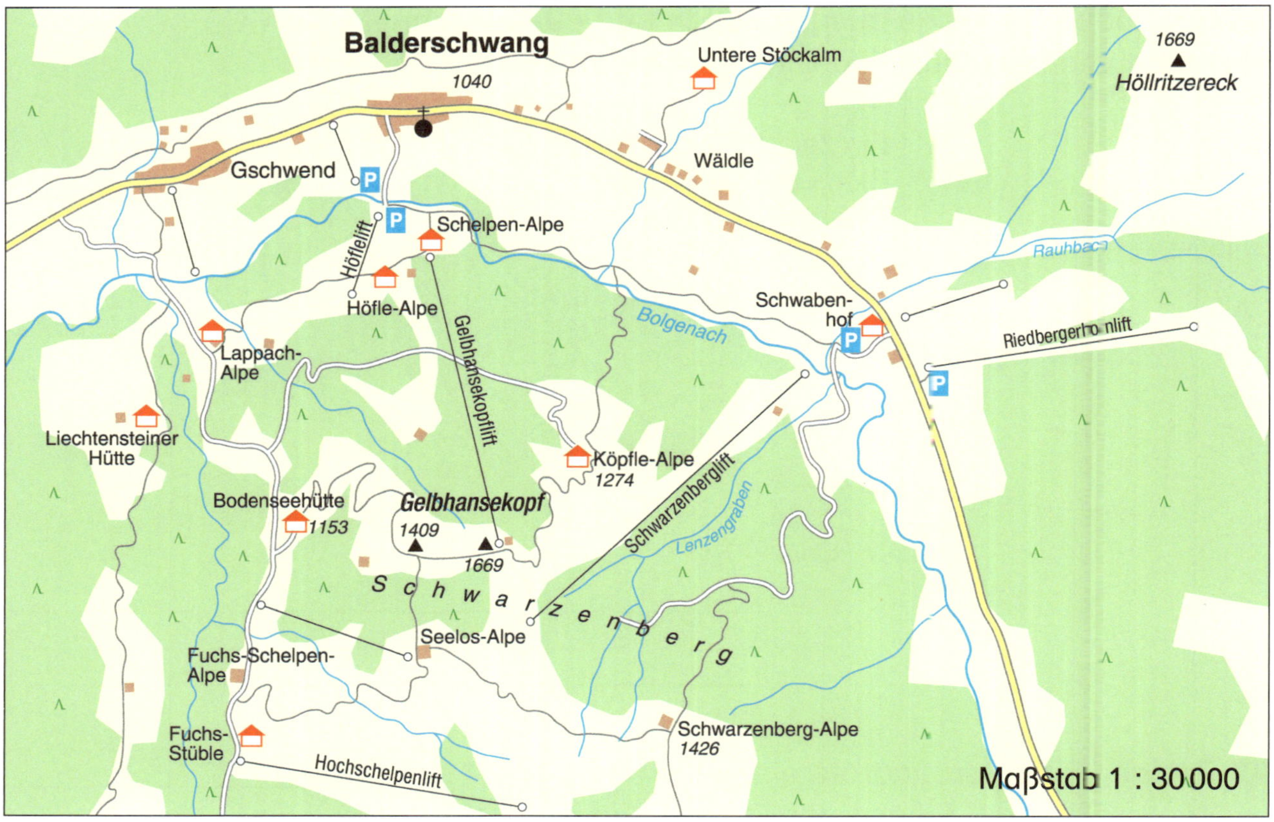

❶ Hier siehst du eine Wanderkarte von Balderschwang im Allgäu im Maßstab *1 :* __________ . Das bedeutet: In Wirklichkeit ist alles __________ -mal größer als auf der ______ .
1 mm auf der Karte sind __________ mm oder __________ m in Wirklichkeit.

❷ Miss auf der Karte ab, rechne um und ergänze die Tabelle.

Strecke	Karte	Vergrößerung	Wirklichkeit	
Hochschelpenlift	*36* mm	· *30 000*	*1 080 000* mm	*1 080* m
Riedbergerhornlift				
Schwarzenberglift				
Höflelift				

❸ Zeichne folgende Wege auf der Karte farbig ein:

a) **rot**: Vom Parkplatz am Riedbergerhornlift zum Parkplatz am Höflelift,

b) **grün**: Balderschwang → Gschwend → Bodenseehütte → Fuchs-Schelpen-Alpe → Seelos-Alpe → Schwarzenberg-Alpe → Schwabenhof → Schelpen-Alpe → Balderschwang,

c) **gelb**: Balderschwang → Schelpen-Alpe → Köpfle-Alpe → Gelbhansekopf → Bodenseehütte → Lappach-Alpe → Höfle-Alpe → Balderschwang.

© 2008 Oldenbourg Schulbuchverlag GmbH

❶ Den Stuttgarter Tierpark „Wilhelma“ besuchen in einem Jahr mehr als 2 Millionen Besucher.

Januar 45 650 ________,	Februar 77 357 ________,	März 184 153 ________,
April 193 723 ________,	Mai 177 860 ________,	Juni 211 887 ________,
Juli 259 538 ________,	August 317 977 ________,	September 263 737 ________,
Oktober 189 570 ________,	November 69 732 ________,	Dezember 55 450 ________,

a) Runde die Zahlen auf glatte Zehntausender und notiere sie.
b) Zeichne ein Balkendiagramm zu den gerundeten Zahlen.

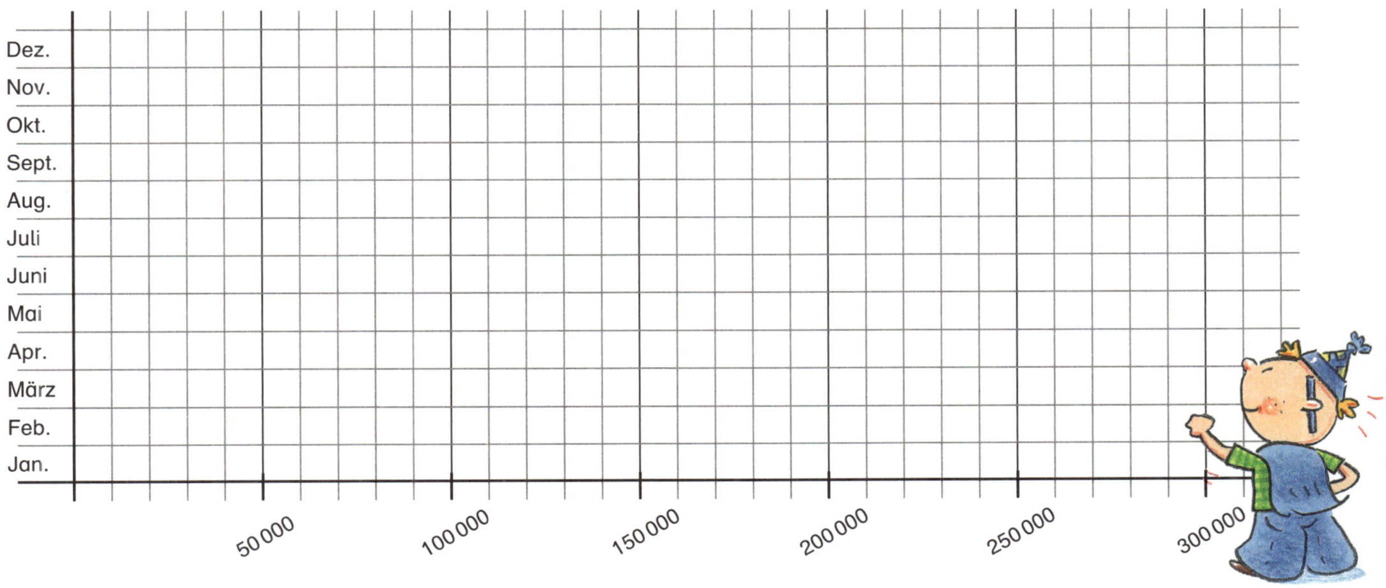

c) Was kannst du aus dem Diagramm ablesen? Notiere mindestens zwei wichtige Aussagen: ______________________________

____

❷

	Säugetiere	Vögel	Reptilien	Amphibien	Fische
Nordamerika	60.000	70.000	25.000	5.000	100.000
Lateinamerika	10.000	25.000	5.000	1.000	25.000
Europa	90.000	130.000	20.000	8.000	180.000
Asien	75.000	100.000	20.000	10.000	50.000
Afrika	7.500	15.000	2.500	500	5.000
Australien	7.500	10.000	2.500	500	20.000
Gesamt	250.000	350.000	75.000	25.000	300.000

a) Welche der folgenden Aussagen sind richtig? Kreuze an.

- ○ Die meisten Reptilien finden sich in nordamerikanischen Zoos.
- ○ In den Zooanlagen Asiens sind zehnmal so viele Säugetiere zu finden wie in denen Afrikas.
- ○ Afrikanische Zoos beherbergen halb so viele Säugetiere wie Vögel.
- ○ Die meisten Zootiere finden sich in Afrika.

© 2008 Oldenbourg Schulbuchverlag GmbH

❶

Jugend forscht

Ein zehnjähriges Mädchen aus Nordrhein-Westfalen studierte das Leben von Pantoffeltierchen – Einzellern, die im Wasser leben und so klein sind, dass man sie nur unter dem Mikroskop sehen kann. Sie beobachtete, wie schnell sich die Winzlinge in einem Wasserglas mit Heu vermehren: Nach drei Tagen waren statt einem Tier 50 in einem Wassertropfen!

Zum Vergleich:
- In einen Teelöffel passen 10 Tropfen Wasser.
- In einem Wasserglas sind etwa 40 Teelöffel Wasser.

a) Was kannst du berechnen?
Schreibe mindestens zwei Rechenfragen auf.

b) Wähle eine Rechenfrage aus. Rechne.

❷

Urlaubsgeld verjubelt

In einer Nacht war das Urlaubsgeld einer Dortmunder Familie weg. Der 14-jährige Sohn hatte sich abends im Internet bei einem besonders teuren Anbieter eingeklickt. Die Minute kostete 1,86 Euro. Als die Eltern heimkamen, schaltete der Junge nur schnell den Bildschirm aus und schlüpfte ins Bett. Erst nach 12 Stunden am nächsten Morgen trennte die Mutter die teure Verbindung.

Was kannst du berechnen? Schreibe eine Rechenfrage auf.

Löse deine Aufgabe.

© 2008 Oldenbourg Schulbuchverlag GmbH

❶ Stefan kommt auf dem Heimweg an einem Bauernhof vorbei. Dort leben Kühe und Hühner. Er zählt 30 Köpfe und 96 Beine. Setze die Tabelle fort und löse die Aufgabe.

Kühe		Hühner		Gesamtzahl der	
Köpfe	**Beine**	**Köpfe**	**Beine**	**Köpfe**	**Beine**
10	40	20	40	30	80

❷ Auf der Koppel sind Pferde und Fliegen. Es sind 24 Köpfe und 120 Beine. Wie viele Pferde und Fliegen sind es?

❸ Auf dem Misthaufen krabbeln Käfer und Spinnen. Es sind 34 Köpfe und 224 Beine.

© 2008 Oldenbourg Schulbuchverlag GmbH

Familie Müller und die Sachaufgaben

❶ Stefan unterhält sich mit dem Bauern. Dieser erzählt ihm: „Auf dem Bauernhof haben wir 85 Pferde und Kühe. Es sind 31 Pferde weniger als Kühe. Jetzt kannst du ausrechnen, wie viele Tiere es jeweils gibt.“

Kühe	Pferde	Unterschied
50	35	15
...	...	...

85 – 31 =

Antwort: ____________________

____

❷ Stefan überlegt sich für seinen Bruder Thomas eine ähnliche Aufgabe: „Zusammen haben wir 124 € gespart. Ich habe 26 € mehr als du. Wie viel Geld hat jeder von uns?“

Antwort: ____________________

❸ Daraufhin stellt Thomas ihm auch ein Rätsel: „Ich habe 320 Sammelkarten. Dreimal so viele Fußballkarten wie Autokarten. Von den Fußballkarten habe ich jede zehnte Karte doppelt. Wie viele Fußballkarten habe ich nur einmal.

Antwort: ____________________

© 2008 Oldenbourg Schulbuchverlag GmbH

Familie Müller kauft ein

❶ Familie Stein will sich einen neuen Computer anschaffen. Er kostet 3 758 €. Herr Stein vereinbart mit dem Fachgeschäft, dass er 950 € anzahlt und den Rest in 8 gleich hohen Monatsraten bezahlt.

a) Welchen Betrag muss die Familie in Raten zahlen? ______

b) Wie hoch ist eine Rate? ______

❷ Herr Müller träumt von einem Auto. Es kostet 30 000 €. Herr Müller müsste dafür einen Kredit bei der Bank aufnehmen. Er überlegt, dass er das geliehene Geld in monatlichen Raten zu 500 € in 5 Jahren zurückzahlen könnte.

a) Wie hat er gerechnet?

b) Weil die Bank für das geliehene Geld jedoch Leihgebühr (Zinsen) verlangt, würde es 6 Jahre und 8 Monate dauern, bis er sein Auto bezahlt hat. Wie teuer würde Herrn Müller das Auto tatsächlich kommen, wenn er monatlich 500 € abbezahlt?

c) Welchen Tipp würdest du Herrn Müller geben?

______

❸ Frau Müller will sich auch ein neues Auto kaufen und hat 4 000 € gespart. Der Wagen soll 10 570 € kosten. Für ihr altes Auto bekommt sie 4 050 €. Den fehlenden Betrag will sie in 9 gleichen Monatsraten bezahlen.

a) Welchen Betrag muss Frau Müller in Raten zahlen? ______

b) Wie hoch ist eine Monatsrate? ______

c) Wie hoch ist eine Rate, wenn Frau Müller nur 6 Monate für die Rückzahlung einplant? ______

Zahlenzauber D4 Arbeitsheft plus
© 2008 Oldenbourg Schulbuchverlag GmbH

❶ Für eine Strecke von 240 km auf der Autobahn braucht ein Laster (LKW) 3 Stunden. Ergänze die Tabelle.

km			240 km		
Zeit	1 h				6 h

❷ Wie lange bräuchte er für 120 km (360 km)?

Antwort: ______________________________

❸ Für eine Strecke von 240 km auf der Autobahn braucht ein PKW 2 Stunden. Wann holt der Autofahrer den LKW ein, wenn er 2 Stunden später losfährt?

Zeit	1 h				
km LKW	80 km	160 km			
km PKW	0 km	0 km			

Antwort: ______________________________

❹

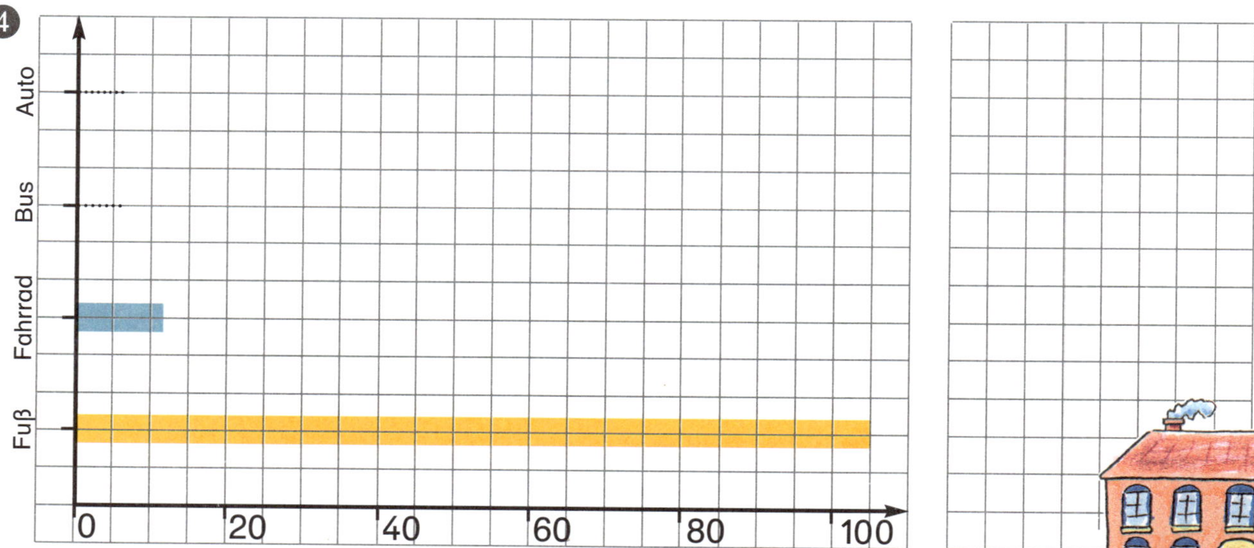

a) In Josuas Grundschule sind 135 Kinder. _____ Kinder kommen zu Fuß. Doppelt so viele Kinder kommen mit dem Fahrrad wie mit dem Bus. Wie viele Kinder werden mit dem Auto gebracht?
Rechne und ergänze das Schaubild und die Angaben unten.

zu Fuß: _____ mit dem Fahrrad: _____ mit dem Bus: _____
mit dem Auto: _____

b) Stimmen diese Aussagen?

	ja	nein
Mit dem Auto kommen doppelt so viele Kinder wie mit dem Bus?	☐	☐
Zu Fuß kommen mehr als dreimal so viele Kinder wie mit dem Auto Bus oder Fahrrad.	☐	☐

© 2008 Oldenbourg Schulbuchverlag GmbH

Kreta

Hin- und Rückflug pro Person	80 € pro Flug
Hotel mit Vollpension:	43 € pro Person und Nacht
	30 € pro Kind und Nacht
	Kinder bis 4 Jahre übernachten kostenlos.

❶ Josua (8), Noah (5) und Lea (3) werden mit ihren Eltern auf Kreta Urlaub machen. Wie hoch ist der Reisepreis für 10 Tage?

Antwort: ______________________________

❷ Die Frau im Reisebüro sagt: Insgesamt befinden sich 480 Personen im Flugzeug. Es sind 3-mal so viele Erwachsene wie Kinder.

Antwort: ______________________________

❸ Die Kinder wollen für den Urlaub noch einen gemeinsamen Rucksack kaufen. Papa schlägt vor: Ich zahle euch die Hälfte, wenn ihr die andere Hälfte bezahlt. Lea ist die kleinste. Sie bezahlt einen Anteil. Noah doppelt so viel und Josua doppelt so viel wie Noah. Wie viel muss jeder bezahlen, wenn der Rucksack 70 € kostet?

Antwort: ______________________________

© 2008 Oldenbourg Schulbuchverlag GmbH

❶ Wie spät ist es an den verschiedenen Orten?
Ergänze die Uhren und trage die Uhrzeiten ein:

				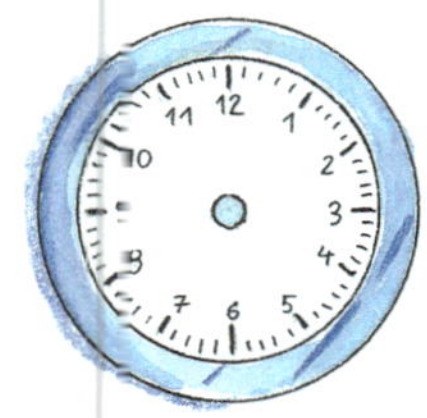
München MEZ	London	Miami, USA	Los Angeles, USA	Tokio, Japan
14 Uhr				
Zeitunterschied zur MEZ	– 1 h	– 6 h	– 9 h	+ 8 h
				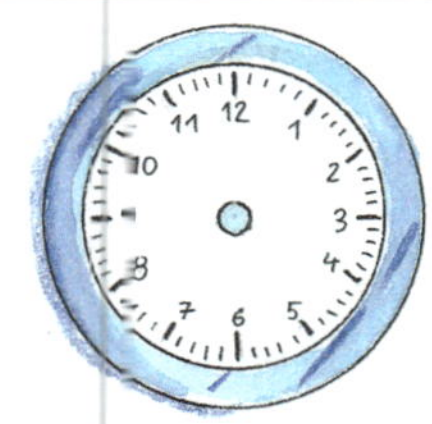
Peking, China	Ankara, Türkei	Caracas, Venezuela	Mexico-Stadt	Anchorage, USA
+ 6 h	+ 1 h	– 5 h	– 7 h	– 11 h

❷ Michael hat eine Cousine in Denver (USA). Er möchte mit ihr telefonieren.
Seine Uhr zeigt 16.45 Uhr.
Wie spät ist es gerade in Denver, wenn der Zeitunterschied – 8 h beträgt?

____

❸ Der Vater von Johannes befindet sich auf einer Dienstreise in Japan.
In Deutschland ist es gerade 6.50 Uhr und Johannes sitzt beim Frühstück.
Er überlegt, wie spät es jetzt wohl in Japan ist.
Der Zeitunterschied beträgt + 8 h.

____

❹ Ein Space-Shuttle startet in Cape Canaveral (USA) um 16.30 Uhr Ortszeit. Bei uns ist es 6 Stunden später. Welche Uhrzeit haben wir dann in Deutschland?

____

❺ Die Olympischen Sommerspiele fanden 2008 in Peking statt.
Die Zeitverschiebung zu unserer Sommerzeit beträgt + 6 h.

a) Zu welcher Uhrzeit konnten wir die Eröffnungsfeier im Fernsehen anschauen, wenn sie um 19.00 Uhr Ortszeit stattfand und live übertragen wurde?

____

b) Zu welcher Uhrzeit konnten wir im Fernsehen Wettkämpfe anschauen, die um 10.00 Uhr Ortszeit und um 15.00 Uhr Ortszeit begannen?

____

© 2008 Oldenbourg Schulbuchverlag GmbH

Lies den Text, löse die Aufgabe und ergänze die Skizzen.

Abflug MEZ | Reisedauer | Ankunft MEZ
8.25 Uhr → + 11 h 25 min → [ ]
Zeitunterschied: – 6 h
Ankunft Ortszeit: [ ]

Ein Flugzeug startet um 8.25 Uhr in München. Die Flugzeit nach Washington (USA) beträgt 11 Stunden 25 Minuten. Wann kommt es in Washington bei einem Zeitunterschied von – 6 h an?

Abflug MEZ | Reisedauer | Ankunft MEZ
[ ] → + 8 h 25 min → [ ]
Zeitunterschied: [ ]
Ankunft Ortszeit: [ ]

Ein Flugzeug startet um 9.45 Uhr in München. Die Flugzeit nach New York beträgt 8 Stunden 25 Minuten. Wann landet es in New York bei einem Zeitunterschied von – 6 h?

Abflug MEZ | Reisedauer | Ankunft MEZ
[ ] → [ ] → [ ]
Zeitunterschied: [ ]
Ankunft Ortszeit: [ ]

Ein Flugzeug startet um 16.10 Uhr in Frankfurt. Die Flugzeit nach London beträgt 2 Stunden. Wann landet es dort bei einem Zeitunterschied von 1h?

Abflug Ortszeit | Reisedauer | Ankunft Ortszeit
[ ] → [ ] → [ ]
Zeitunterschied: [ ]
Ankunft MEZ: [ ]

Ein Flugzeug startet um 19.35 Uhr Ortszeit in Moskau. Es landet um 20.15 Uhr MEZ in München. Die Zeitverschiebung von Moskau nach München beträgt – 2 h. Wie lange dauert dieser Flug?

Abflug Ortszeit | Reisedauer | Ankunft Ortszeit
[ ] → + 2 h → [ ]
Zeitunterschied: [ ]
Ankunft MEZ: [ ]

Ein Flugzeug aus Sofia in Bulgarien landet um 19.35 Uhr MEZ in München. Die Zeitverschiebung von Sofia nach München beträgt – 1 Stunde, die Flugzeit 2 h. Um wie viel Uhr ist der Flieger gestartet?

© 2008 Oldenbourg Schulbuchverlag GmbH

❶ Zeichne zu jeder Figur das Spiegelbild.

a)

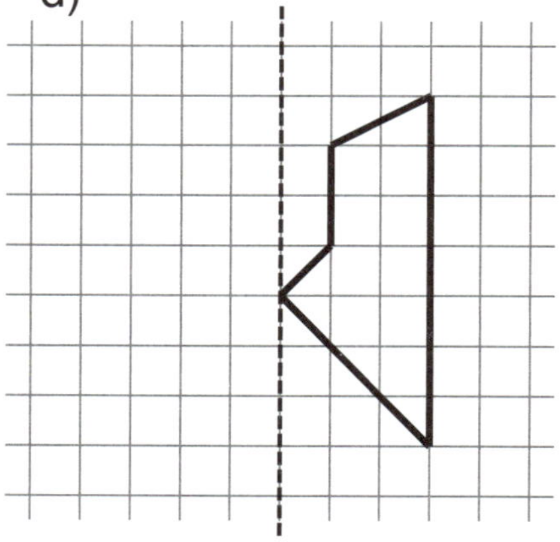

b)

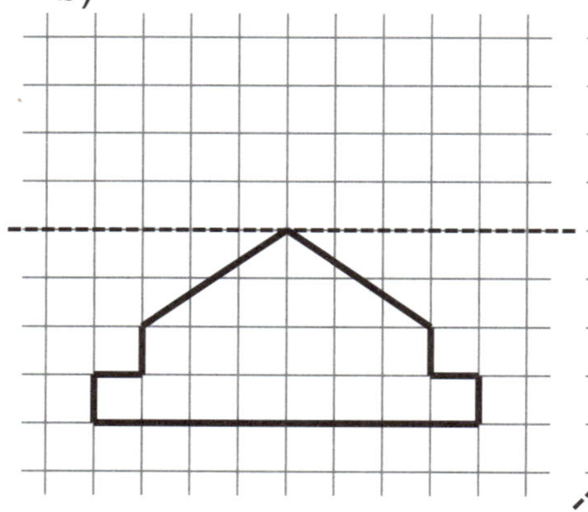

c)

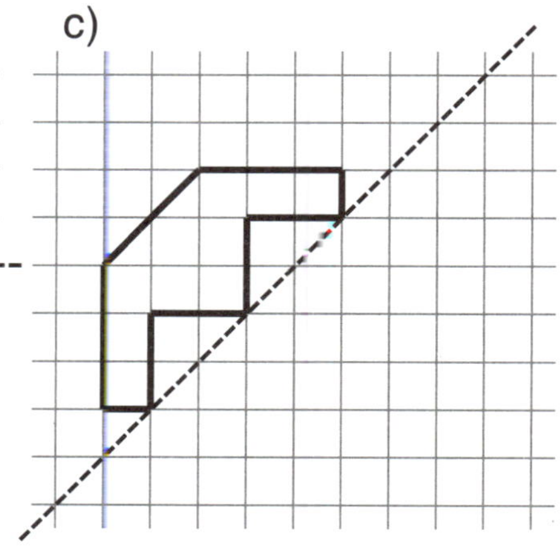

❷ Zeichne zu jeder Figur das Drehbild.

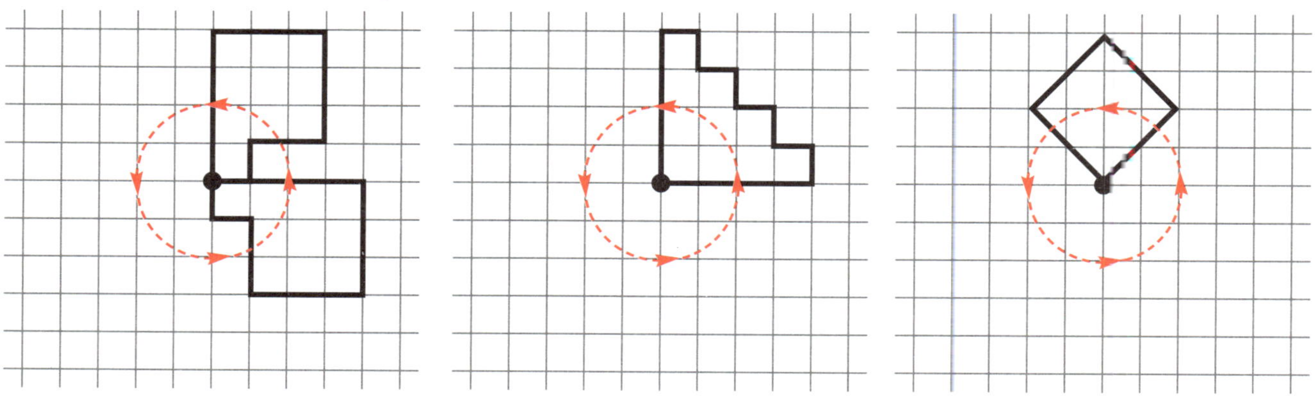

❸ Färbe die Figur so, dass sie …

a) drehsymmetrisch ist.

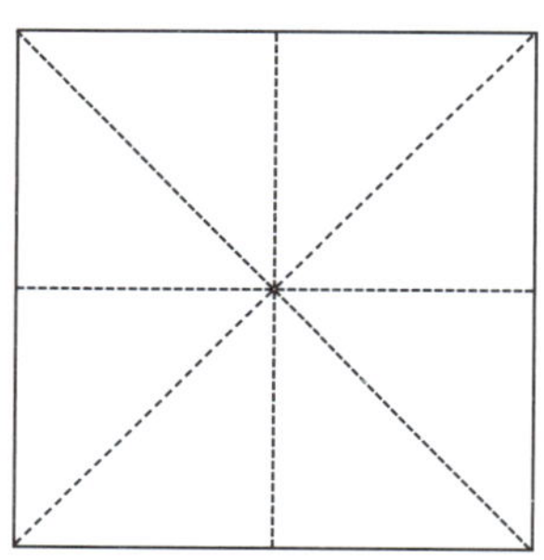

b) achsensymmetrisch ist.

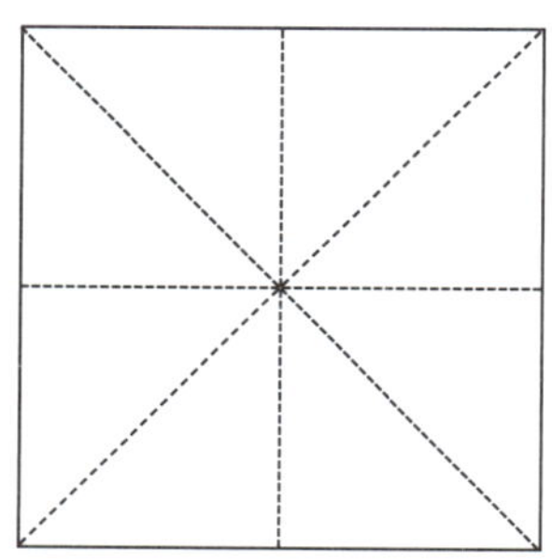

❹ Spiegle an jeder Symmetrieachse.

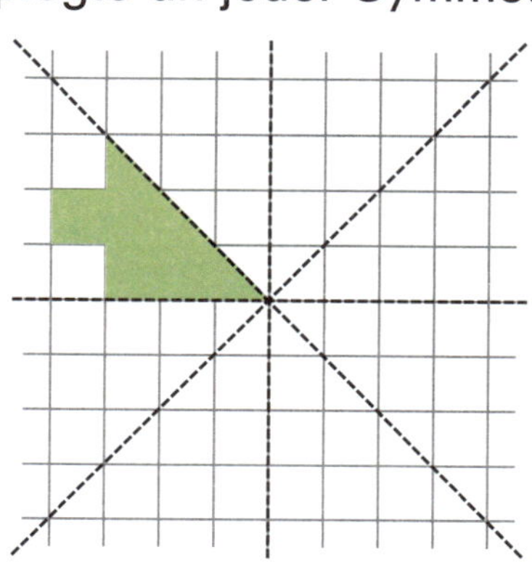

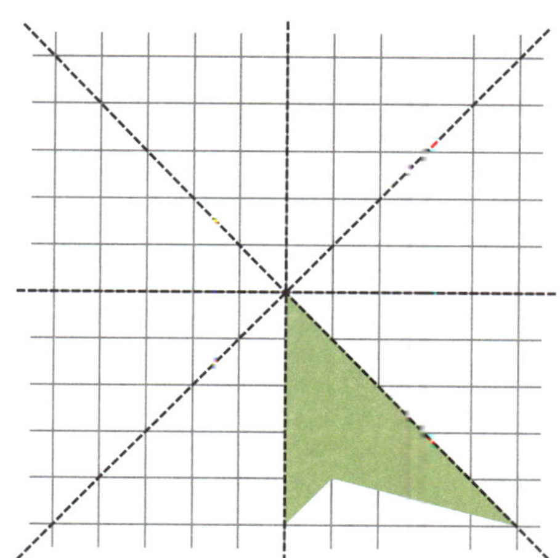

© 2008 Oldenbourg Schulbuchverlag GmbH

ägyptisches Ornament

❶ Konstruiere dieses Muster.

❷ Verschieben oder spiegeln? Setze die Muster fort.

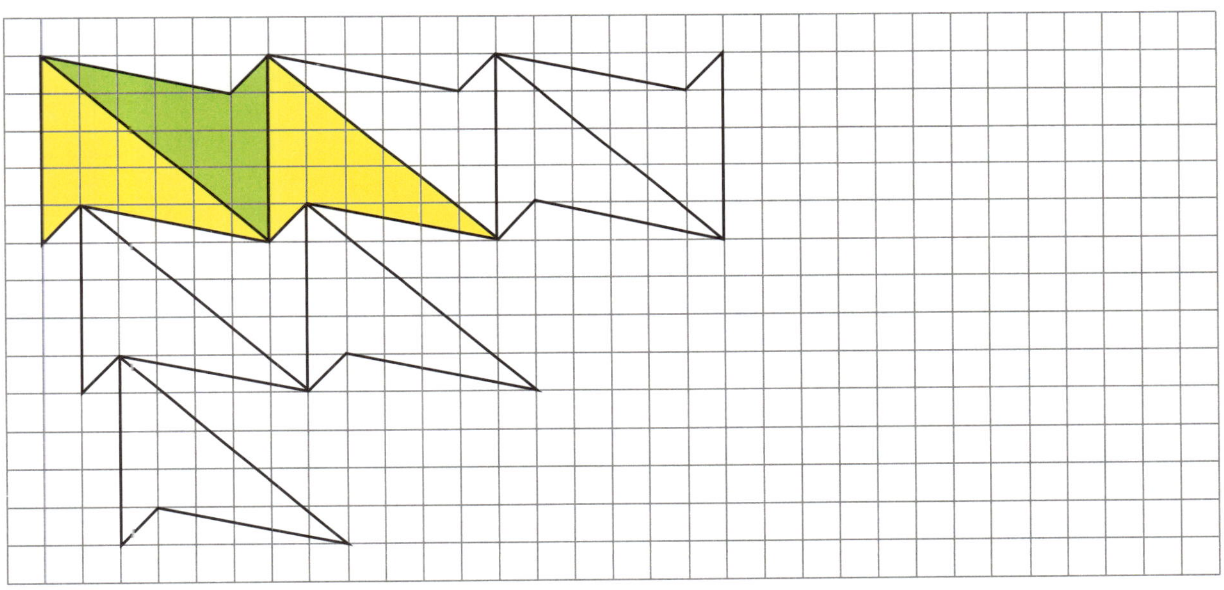

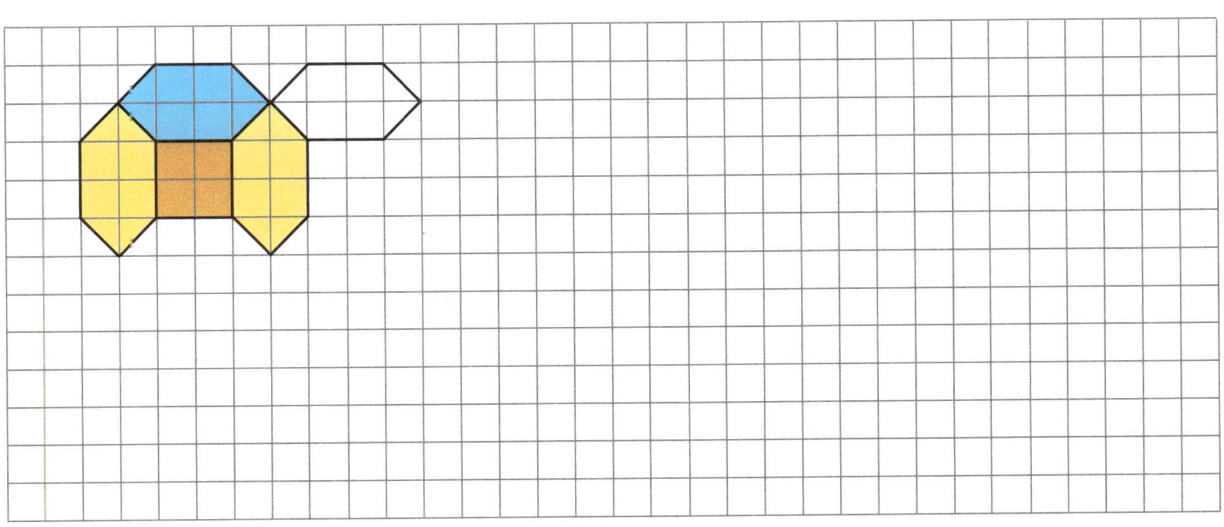

© 2008 Oldenbourg Schulbuchverlag GmbH

Schau genau – rechne schlau

❶ a) 2377 + 499 = ____
2376 + 500 = ____
2379 + 497 = ____
2382 + 494 = ____
2391 + 485 = ____

b) 18609 + 205 = ____
18615 + 199 = ____
18614 + 200 = ____
18620 + 194 = ____
18594 + 220 = ____

❷ a) 1948 – 695 = ____
1950 – 697 = ____
1955 – 702 = ____
1953 – 700 = ____
1957 – 704 = ____

b) 3825 – 396 = ____
3825 – 399 = ____
3825 – 400 = ____
3825 – 398 = ____
3825 – 406 = ____

❸ a) 10 · 49 = ____
9 · 49 = ____
11 · 49 = ____
20 · 49 = ____
19 · 49 = ____

b) 10 · 18 = ____
12 · 18 = ____
20 · 18 = ____
24 · 18 = ____
25 · 18 = ____

c) 10 · 370 = ____
11 · 370 = ____
20 · 370 = ____
30 · 370 = ____
29 · 370 = ____

❹ a) 560 : 8 = ____
568 : 8 = ____
552 : 8 = ____
576 : 8 = ____
544 : 8 = ____

b) 3200 : 4 = ____
3240 : 4 = ____
3208 : 4 = ____
3220 : 4 = ____
3280 : 4 = ____

c) 6300 : 7 = ____
6370 : 7 = ____
6307 : 7 = ____
6293 : 7 = ____
6314 : 7 = ____

❺ Ergänze die fehlenden Ziffern.

a) 3 9 □ · 6
□ □ 5 2

b) 9 □ 8 · 7
6 6 3 □

c) □ 1 3 · 5
3 0 6 □

d) 4 7 □ · 8
□ □ 2 4

❻

1 0 8 0 – ⬭ = □
□ · 3 = ▱

⬭ : 8 = 6 0
▱ – ⬭ = 1 3 2 0

© 2008 Oldenbourg Schulbuchverlag GmbH

❶

1	2	3		5	6	7	8		10
			IV					IX	
11		13	14	15	16	17	18	19	20
	XII								
10	20	30	40		60	70	80		100
				L				XC	
100	200	300	400	500	600		800	900	
						DCC			M

❷ Schreibe die Zahlenangaben in römischen Zahlzeichen.

Das Kolosseum, das größte Amphitheater Roms, wurde 80 ________ n. Chr. eingeweiht.

Die Römer zogen auch an den Rhein.
Die Stadt Köln wurde 38 ________ v. Chr. gegründet und erhielt 50 ________ n. Chr. römisches Stadtrecht.

Rom wurde erst 753 ________ v. Chr. gegründet.
Das ist ________ Jahre her.

❸ Setze das Mosaik fort.

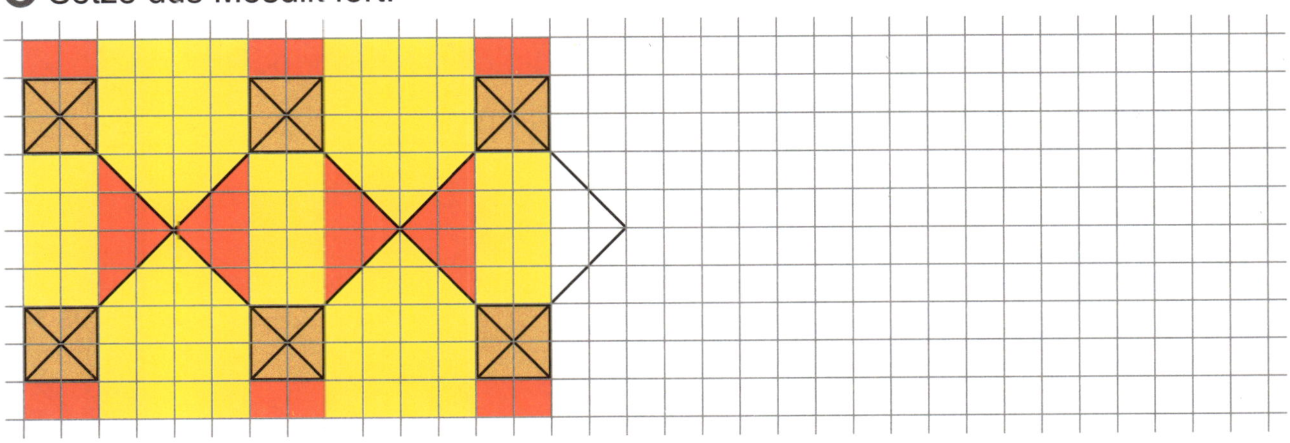

© 2008 Oldenbourg Schulbuchverlag GmbH

❶ Jedes Bild steht für eine Ziffer.

a)

b) c)

❷ Trage die fehlenden Zahlen und Rechenzeichen ein.

3 –(5)→ [ ] –(8)→ 64

4 –(5)→ [ ] –(5)→ [ ] –(4)→ 100

9 –(2)→ [ ] –(5)→ 35

120 –(30)→ [ ] –(3)→ [ ] –(10)→ 20

❸ Startnummern

Genau 100 Athleten nehmen am Marathonlauf teil. Sie tragen die Startnummern 1–100.
Wie viele Starter tragen mindestens eine 9 in ihrer Startnummer? [ ]

Startnummern: ______________________________

____

❹ Eine kinderreiche Familie

Die Schmidts haben 6 Kinder. Karla kam vor Herbert, Stine kam vor Paul, Lilly kam nach Karla, Herbert vor Stine, Paul nach Karla, Lilly nach Herbert, Stine nach Karla, Paul vor Lilly, Lilly nach Stine. Paul kam nach Herbert und Stephan ist der Jüngste. Jetzt ist die Reihenfolge doch klar oder …?

Reihenfolge: ______________________________

❺ In jedem Kasten steht jede Figur jeweils für eine Ziffer. Findest du sie?

a) b) c)

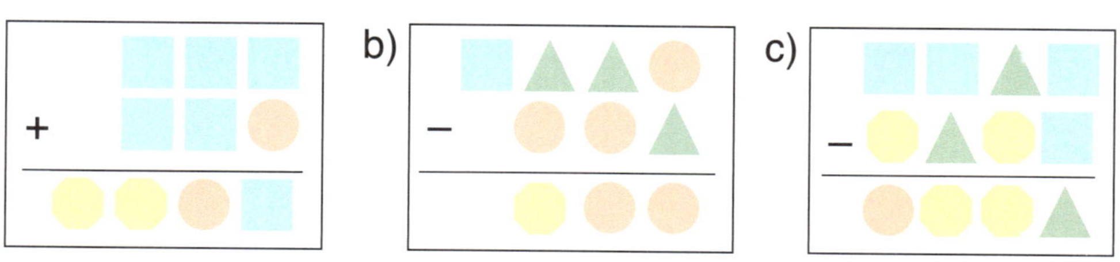

© 2008 Oldenbourg Schulbuchverlag GmbH

❶

Male die Jacken und die Hosen der Familie in der richtigen Farbe an.
Schreibe die Namen ins Kästchen.
Lies zuerst die Sätze und färbe, was eindeutig ist.

Noah hat eine blaue Hose an.
Josua steht nicht direkt an der Kasse.
Ein Nachbar von Mama trägt eine braune Hose.
Eine Person neben Mama trägt eine rote Jacke.
Die Person mit der braunen Hose steht neben einem Mann mit schwarzer Jacke.
Die Person neben Lea trägt eine graue Hose.
Lea steht am weitesten von der Kasse entfernt.
Papa steht zwischen dem Kind mit der rosa Jacke und dem Jungen mit der blauen Jacke.
Eine Person hat eine braune Jacke.
Zwei Hosen sind weiß.

❷ In einer Spielkiste sind 14 Bälle. Sie sind rosa, braun und weiß. Die Anzahl der braunen Bälle ist 6-mal so groß wie die Anzahl der weißen Bälle.
Wie viele rosa farbige Bälle sind in der Kiste?

Antwort: Es sind ______ rosa Bälle.

© 2008 Oldenbourg Schulbuchverlag GmbH

1

Haare
5 cm in 4 Monaten

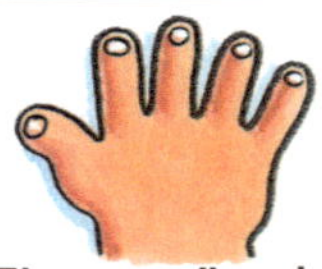

Fingernägel
1 mm pro Woche

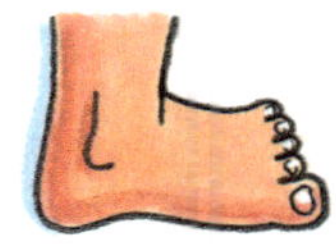

Fußnägel
1 mm pro Monat

a) Wie viele cm wachsen deine Haare in dieser Zeit?

4 Monate	
6 Monate	
8 Monate	
1 Jahr	
2 Jahre	
4 Jahre	
10 Jahre	

b) Wie viele mm wachsen deine Fingernägel in dieser Zeit ungefähr?

1 Woche	
1 Monat	
1 Jahr	
2 Jahre	
4 Jahre	
10 Jahre	

c) Wie viele mm wachsen deine Fußnägel in dieser Zeit?

1 Monat	
1 Jahr	
2 Jahre	
4 Jahre	
10 Jahre	

2 a) Meine Haare sind 10 cm lang. Wie lange dauert es, bis sie doppelt so lang sind?

b) Meine Haare sind 55 cm lang. Wie lange brauchten sie für ihr Wachstum?

c) Mein Fingernagel am Daumen ist 1 cm 2 mm lang. Wie lange brauchte er für sein Wachstum?

d) Durch eine Verletzung habe ich meinen Fußnagel am großen Zeh verloren. Wie lange dauert es, bis er wieder auf eine Länge von 1 cm und 4 mm gewachsen ist?

3 Rekorde

a) Der Inder Shridhar Chillat besaß den längsten Fingernagel der Welt mit 1,30 m Länge. Wie lange brauchte der Nagel zum Wachsen?

b) Irmgard Symanzil besaß 1972 die längsten Haare in Deutschland. Sie waren 2,03 m lang. Wie lange dauert es, bis Haare so lang sein können?

© 2008 Oldenbourg Schulbuchverlag GmbH

❶

❷

6524 · 8

176 · 7

2187 · 3

9245 · 6

3219 · 90

12906 · 5

463 · 4

8102 · 3

❸

490 : 7 = ____	320 : 4 = ____	2 400 : 60 = ____
450 : 5 = ____	8 100 : 9 = ____	5 600 : 700 = ____

❹ Setze die Rechenzeichen. Denke an „Punkt vor Strich".

a)		b)	
3 (·) 5 (+) 15 = 30		90 ( ) 3 ( ) 20 = 50	
9 ( ) 5 ( ) 35 = 80		200 ( ) 4 ( ) 2 = 100	
400 ( ) 8 ( ) 30 = 20		100 ( ) 5 ( ) 8 = 160	

❺

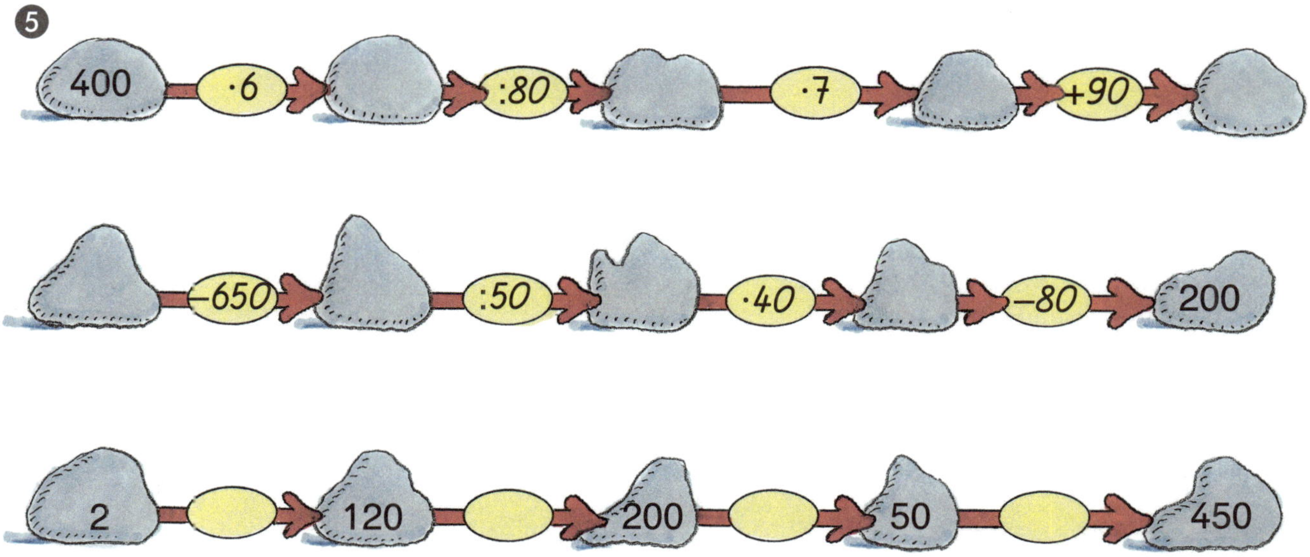

© 2008 Oldenbourg Schulbuchverlag GmbH

Für Zahlen-Zauberkünstler

❶

a) Opa, Vater, Mutter und Sohn sind zusammen 150 Jahre alt. Die Mutter ist 5 mal so alt wie ihr 7-jähriger Sohn. Der Opa ist doppelt so alt wie der Vater. Wie alt ist jeder?

b) Anna, Tobias, Marion, Bernd und Frank vergleichen ihr Alter. Bernd ist 2 Jahre älter als Anna, aber 3 Jahre jünger als Frank. Marion ist ein Jahr älter als Bernd, aber 4 Jahre jünger als Tobias. Anna und Bernd sind zusammen 18 Jahre alt. Wie alt ist jeder?

❷ Färbe die Zauberhüte mit der richtigen Farbe.

- Der rote Hut hat keine Punkte und keine Streifen. Er steht zwischen einem Zahlenhut mit nur geraden Zahlen und einem anderen Hut.
- Auf dem blauen Hut sind keine Zahlen, er steht nicht neben einem Zahlenhut.
- Der grüne Hut hat keine Streifen und keine Sterne. Sein einziger Nachbar ist ein Zahlenhut.
- Der Hut mit nur geraden Zahlen ist gelb.
- Ein Hut ist braun.

❸ Zahlenrätsel

© 2008 Oldenbourg Schulbuchverlag GmbH

Die Zahlen bis 1 000 000

❶ Trage ein.

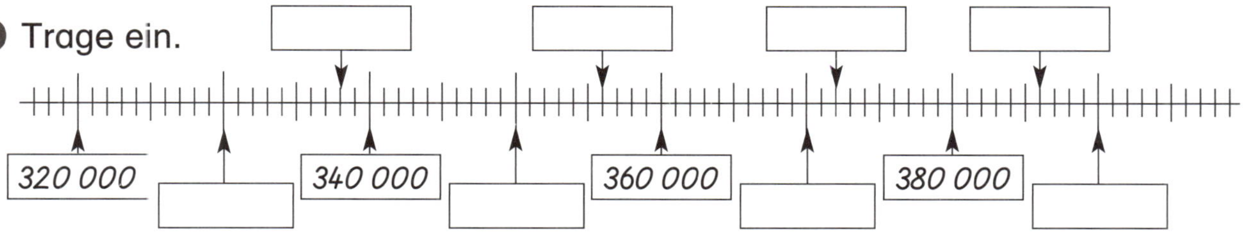

❷ Welcher Wurm frisst welchen Apfel?

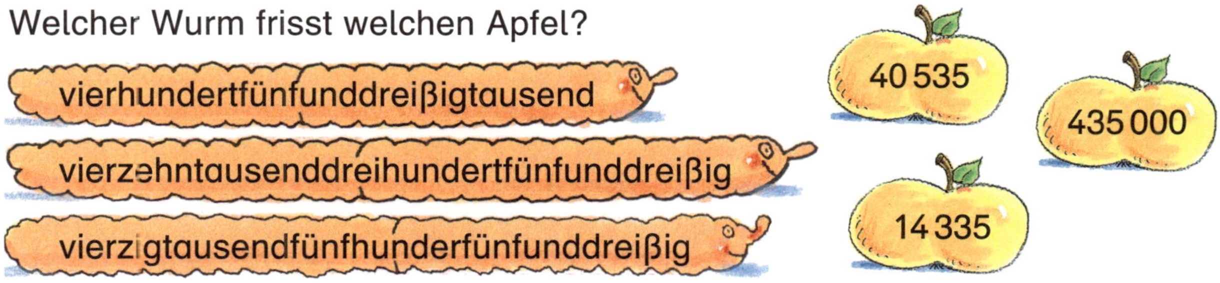

❸ Wie heißt die Zahl?

300 000 + 4 000 + 600 + 30 + 4 = ______

7 000 + 10 + 1 000 + 9 = ______

400 + 30 + 8 000 + 90 000 = ______

❹ Vorgänger – Nachfolger

Vorgänger	Zahl	Nachfolger
	1 996	
	12 019	
	660 000	

Nachbartausender

Nachbartausender	Zahl	Nachbartausender
	111 646	
	500 001	
	990 990	

❺ Setze die Zahlenfolgen fort.

17 125, 17 131, 17 137, ______, ______, ______.

199 089, 199 094, 199 099, ______, ______, ______.

30 521, 30 512, 30 503, ______, ______, ______.

❻ Vergleiche: < = >

10 001 ◯ 10 010

999 019 ◯ 990 010

5ZT 5T 5Z 5E ◯ 55 055

70 691 ◯ 7HT 6H 9Z 1E

❼ Zahlenrätsel

a) Meine Zahl hat die Ziffern 2, 3, 1, 9, 8. Sie ist die kleinste ungerade Zahl, die größer als 32 700, aber kleiner als 32 900 ist.

______

b) Meine Zahl liegt genau in der Mitte der kleinsten 7-stelligen Zahl und der kleinsten 6-stelligen Zahl.

______

© 2008 Oldenbourg Schulbuchverlag GmbH

Basiswissen
Kopfrechnen

1 Addieren

4 + 5 = ___	67 + 13 = ___	395 + 5 000 = ___
40 + 50 = ___	670 + 130 = ___	395 + 500 = ___
400 + 500 = ___	6 700 + 1 300 = ___	395 + 50 = ___
4 000 + 5 000 = ___	67 000 + 13 000 = ___	395 + 5 = ___

2 Subtrahieren

16 − 7 = ___	8 000 − 6 000 = ___	60 − 15 = ___
160 − 7 = ___	80 000 − 6 002 = ___	600 − 15 = ___
1 600 − 7 = ___	80 000 − 6 020 = ___	6 000 − 15 = ___
16 000 − 7 = ___	8 000 − 6 200 = ___	60 000 − 15 = ___

3 Multiplizieren

6 · 8 = ___	7 · 4 = ___	4 · 25 = ___	2 · 250 = ___
6 · 80 = ___	7 · 40 = ___	4 · 250 = ___	4 · 125 = ___
60 · 80 = ___	70 · 40 = ___	40 · 25 = ___	8 · 125 = ___
6 · 800 = ___	700 · 4 = ___	20 · 25 = ___	2 · 500 = ___

4 Dividieren

56 : 7 = ___	32 : 8 = ___	450 : ___ = 90	1 000 : 2 = ___
560 : 7 = ___	320 : 80 = ___	4 500 : ___ = 900	1 000 : 20 = ___
560 : 70 = ___	3 200 : 8 = ___	4 500 : ___ = 90	1 000 : 4 = ___
5 600 : 70 = ___	3 200 : ___ = 40	45 000 : ___ = 9	1 000 : 40 = ___

5

·	100	1 000
56		
	3 600	
123		
	4 000	

:	100	1 000
42 000		
	7 800	
10 000		
	690	

© 2008 Oldenbourg Schulbuchverlag GmbH

❶ Schreibe untereinander und rechne.

27 + 638 + 2690 5603 + 36 + 12509 175 + 11316 + 5001

❷ Wo steckt ein Fehler? Kreuze an und rechne richtig.

6366	265006	64	740000
			13000
+ 15248	+ 144937	+ 12644	+ 6999
21604 ☐	409943 ☐	12608 ☐	759996 ☐

❸ Schreibe untereinander und subtrahiere.

12346 – 932 124017 – 3614 250008 – 649

❹ Wo steckt ein Fehler? Kreuze an und rechne richtig.

246553	645006	163007	1000000
– 126492	– 63917	– 2694	– 638006
120161 ☐	581089 ☐	161413 ☐	361994 ☐

❺

Addiere zu meiner Zahl 1845, subtrahiere von der Summe 901 und du erhältst 255699. Die Zahl heißt: ______

Subtrahiere von meiner Zahl die Hälfte von 1000000, addiere dann 45000 und du erhältst 290000. Die Zahl heißt: ______

© 2008 Oldenbourg Schulbuchverlag GmbH

Basiswissen

Multiplizieren und dividieren

❶ 27412 · 7   823 · 47   9060 · 123

❷ 792 · 80   4845 · 605   5809 · 77

❸ Rechne und überprüfe mit der Probe.

Ü:
4254 : 6 =
Probe:

Ü:
37404 : 9 =
Probe:

Ü:
56192 : 5 =
Probe:

Ü:
25411 : 8 =
Probe:

© 2008 Oldenbourg Schulbuchverlag GmbH

❶ Für ein Bundesliga-Fußballspiel wurden insgesamt 34 578 Eintrittskarten verkauft. Das Stadion fasst 46 000 Zuschauer.
Wie viele Plätze waren nicht besetzt?

Antwort: ______________________________

❷ Familie Klein (Eltern, 3 Kinder) bucht eine Flugreise nach Spanien. Für die Erwachsenen und die beiden großen Kinder kostet die Reise jeweils 349 €, die 6-jährige Sarah muss nur 217 € bezahlen. Was kostet die Urlaubsreise für die Familie insgesamt?

Antwort: ______________________________

❸ Für das Schulfest haben die Schüler der 4. Klasse 120 kleine Anhänger aus Ton gebastelt. Für das Material haben sie insgesamt 28 € ausgegeben. Beim Dekorieren des Verkaufsstandes sind 10 Anhänger zerbrochen und können nicht mehr verkauft werden. Die übrigen Anhänger werden für 1 € pro Stück angeboten. Nach einer Stunde ist die Hälfte der Anhänger verkauft. Um alles zu verkaufen, werden die restlichen Stücke für nur 80 ct verkauft.
Welchen Gewinn macht die Klasse, wenn sie alle Anhänger verkauft?

Antwort: ______________________________

© 2008 Oldenbourg Schulbuchverlag GmbH

Knobelaufgaben

❶ Hanna kauft sich ein Buch und eine CD für insgesamt 18 €.
Das Buch kostet 10 € mehr als die CD.
Wie viel kostet die CD, wie viel das Buch?

Antwort: ______________________________

❷ Thomas bekommt einen Fußball und Sportschuhe für insgesamt 56 €.
Die Schuhe kosten 32 € mehr als der Fußball.
Wie viel kostet der Fußball? Wie viel kosten die Schuhe?

Antwort: ______________________________

❸ Ein blauer Würfel und eine rote Spielfigur wiegen zusammen 26 g.
Der blaue Würfel und drei rote Spielfiguren wiegen zusammen 34 g.
Wie viel wiegt der blaue Würfel, wie viel eine rote Spielfigur?

Antwort: ______________________________

❹ Die Grundschule auf dem Lindenberg fährt mit acht Klassen (196 Schüler, 8 Lehrer) ins Puppentheater. Sie fahren mit vier Bussen, alle Plätze sind belegt. Drei Busse haben gleich viele Plätze, der vierte Bus hat vier Plätze mehr. Wie viele Plätze haben jeweils die drei gleich großen Busse, wie viele Plätze hat der vierte Bus?

Antwort: ______________________________

© 2008 Oldenbourg Schulbuchverlag GmbH

Basiswissen
Längen und Zeit

❶ Ergänze.

a) 1 km = ____ m 0,5 km = ____ m 0,25 km = ____ m 50 m = ____ km

b) 0,25 m = ____ cm 0,75 m = ____ cm 0,5 cm = ____ mm 50 cm = ____ m

❷ Zwei Karten gehören zusammen. Färbe sie mit der gleichen Farbe.

500 m	0,75 m	100 m	0,5 km	0,1 km
7,50 m	7 m 5 cm	75 cm	7 m 50 cm	7,05 m

❸ Wie lang, wie hoch oder wie breit sind diese Dinge in Wirklichkeit? Verbinde.

Auto	Buch	Regal	Baum	Sportplatz	Daumen
30 cm	4 m	15 m	1 m	100 m	1 cm

❹ Zwei Karten gehören wieder zusammen. Färbe sie mit der gleichen Farbe.

30 min	90 min	1 h	$\frac{1}{4}$ h	60 min
24 h	$1\frac{1}{2}$ h	1 Tag	15 min	$\frac{1}{2}$ h

❺ Wie viele Minuten dauert es …

a) bis zur nächsten vollen Stunde?

11.30 Uhr —min→ ______ Uhr

12.42 Uhr —min→ ______ Uhr

b) bis Mitternacht?

18.56 Uhr —min— h→ ______ Uhr

7.30 Uhr —min— h→ ______ Uhr

❻ Ergänze die Tabelle.

Sonnenaufgang	So lange scheint die Sonne	Sonnenuntergang
5.12 Uhr	14 h 38 min	
6.28 Uhr		18.30 Uhr
	10 h 39 min	17.20 Uhr

© 2008 Oldenbourg Schulbuchverlag GmbH

Basiswissen

Gewichte und Hohlmaße

❶ Frau Müller kauft ein.

a) Ordne nach dem Gewicht. Beginne mit dem kleinsten.

________ ________ ________ ________ ________ ________

b) Sie packt alles in eine Einkaufstasche. Die Tasche wiegt 750 g. Welches Gewicht muss Frau Müller tragen?

Antwort: ________________________________

c) Beim nächsten Einkauf muss Frau Müller ein Gewicht von 4 kg 750 g tragen. Sie hat nur 2 Dinge gekauft. Was hat sie in ihrer Tasche?

Antwort: ________________________________

❷ Fülle die Wasserkannen mit der angegebenen Menge. Zeichne ein.

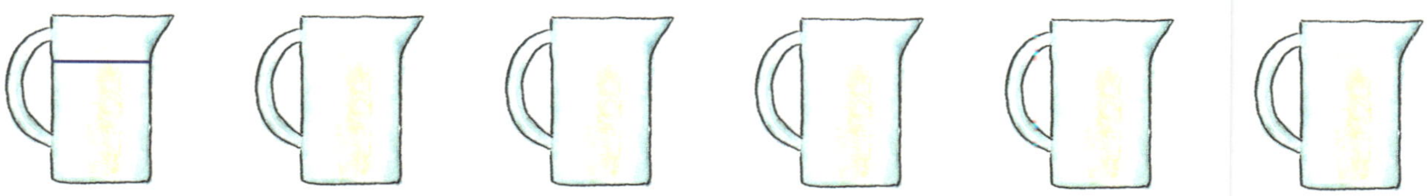

1 l $\frac{1}{2}$ l $\frac{1}{4}$ l $\frac{3}{4}$ l $\frac{2}{4}$ l $\frac{1}{8}$ l

❸ Immer 1 Liter

1 l	750 ml	500 ml	300 ml	250 ml	200 ml	100 ml
1 l	1	–	–	1	–	–
1 l					1	
1 l						3
1 l		1	–	–		
1 l		–		2	–	
1 l					1	2

© 2008 Oldenbourg Schulbuchverlag GmbH

❶ Vergleiche die Flächen beider Figuren.
a) Welche Fläche ist größer? Male sie an.

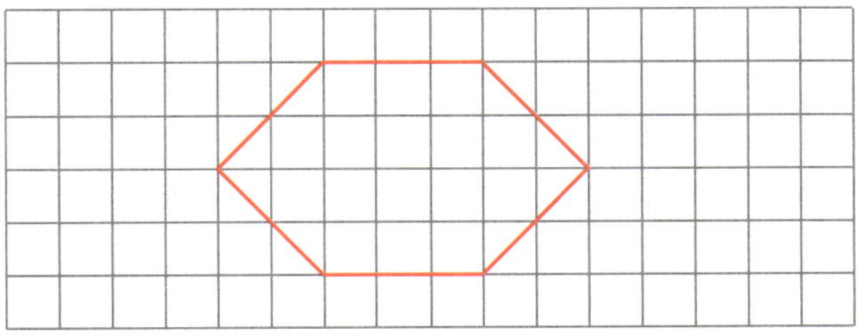

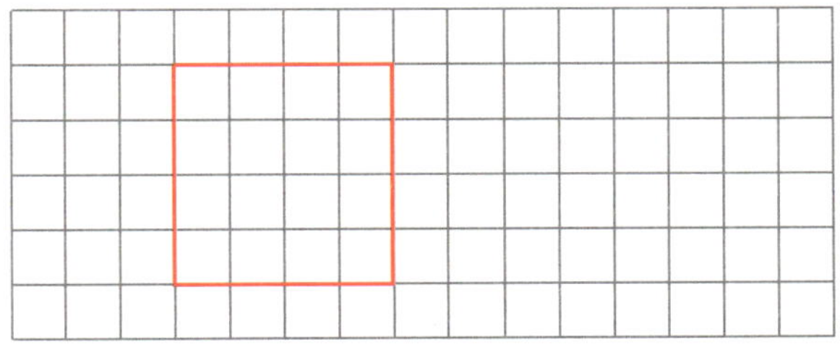

______ Einzelquadrate ______ Einzelquadrate

b) Vergrößere die kleinere Figur so, dass beide Flächen gleich groß sind.

c) Verkleinere die größere Figur so, dass sie wieder gleich groß sind.

❷ Zeichne alle möglichen Symmetrieachsen ein.

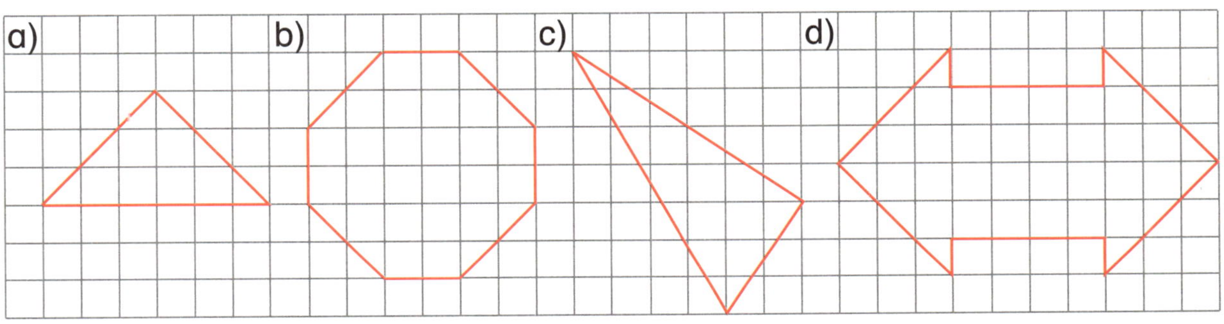

❸ Setze dieses Ornament mit Lineal und Zirkel fort.

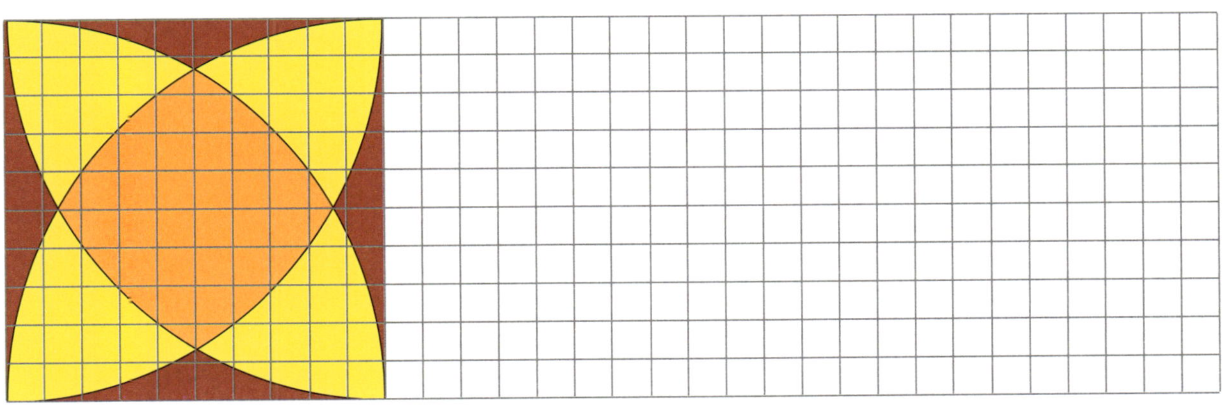

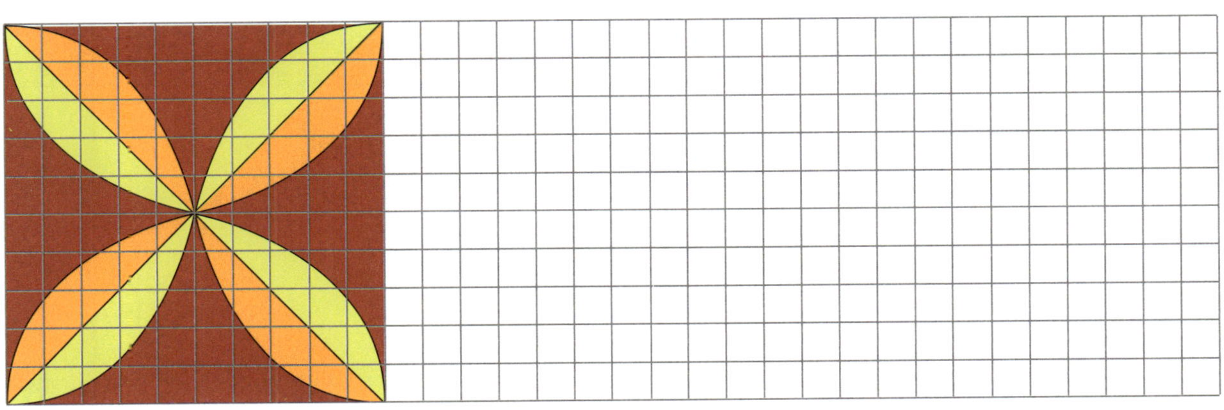

© 2008 Oldenbourg Schulbuchverlag GmbH

Basiswissen
Körper

❶ Aus wie vielen Körpern bestehen diese Bauwerke?

a) 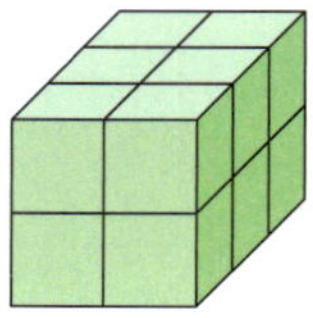

b) 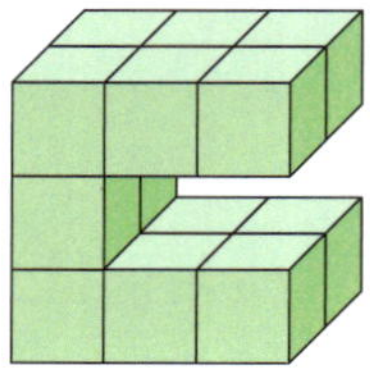

c) 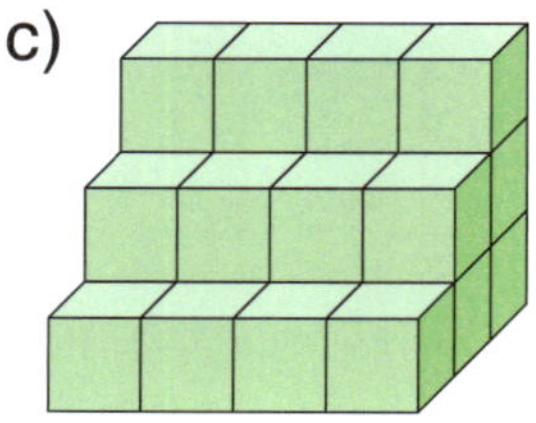

d) 

____ Würfel ____ Würfel ____ Würfel ____ Würfel

❷ Welcher Bauplan passt zu welchem Würfelgebäude? Verbinde.
Fülle den leeren Bauplan aus.

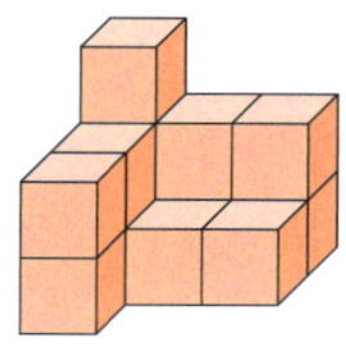

3	2	1
2	1	
2		

4	2	2
2	1	
2		

4	2	1
2	1	
2		

❸ Würfel flicken.
Wie viele kleine Würfel musst du jeweils mindestens ergänzen, damit ein großer Würfel entsteht.

a) 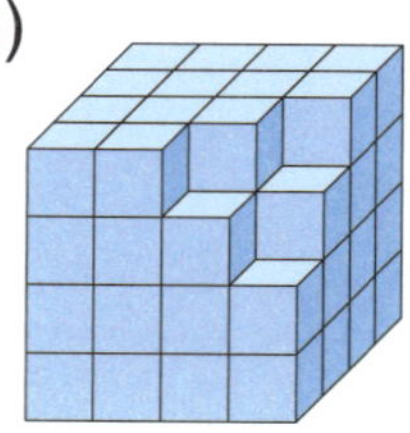

b) 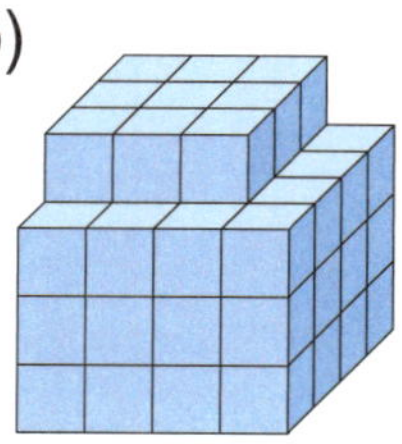

c) 

d) 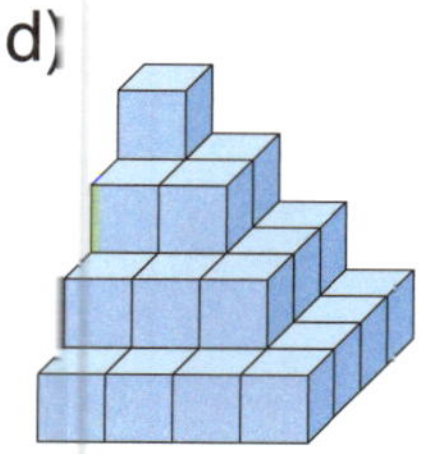

____ Würfel ____ Würfel ____ Würfel ____ Würfel

© 2008 Oldenbourg Schulbuchverlag GmbH

1 Wie viele Möglichkeiten gibt es, mit dieser Speisekarte ein Menü aus Vorspeise, Hauptspeise und Nachspeise zusammenzustellen?

Speisekarte

Nudelsuppe
Salat
****
Spaghetti Bolognese
Schnitzel mit Pommes
Fischstäbchen mit Kartoffelbrei
****
Eis

2 a) Du spielst mit Freunden und würfelst. Welche Regel würdest du dir aussuchen, wenn du gewinnen willst?

Regel 1:	Regel 2:	Regel 3:	Regel 4:
Du bekommst einen Punkt, wenn deine Zahl ungerade ist.	Du bekommst einen Punkt, wenn deine Zahl kleiner als 3 ist.	Du bekommst einen Punkt, wenn deine Zahl größer als 2 ist.	Du bekommst einen Punkt, wenn du eine 6 würfelst.

Antwort: ______________________________

____

____

____

b) Ordne die Regeln nach den Gewinnchancen.

____

____

© 2008 Oldenbourg Schulbuchverlag GmbH

Basiswissen
Schaubilder

Große Stadien in der Welt – Zuschauerplätze je Stadion (gerundet)

Nissan Stadion (Yokohama):	73 000
Maracaná Stadion (Rio de Janeiro):	103 000
NOU Camp (Barcelona):	100 000
Guiseppe-Meazza Stadion (Mailand):	85 000
Olympiastadion (Berlin):	76 000
Azadi Stadion (Iran):	110 000
Stadion des 1. Mai (Pjong Jang):	150 000

❶ Runde auf 10 000. Erstelle ein Balkendiagramm.

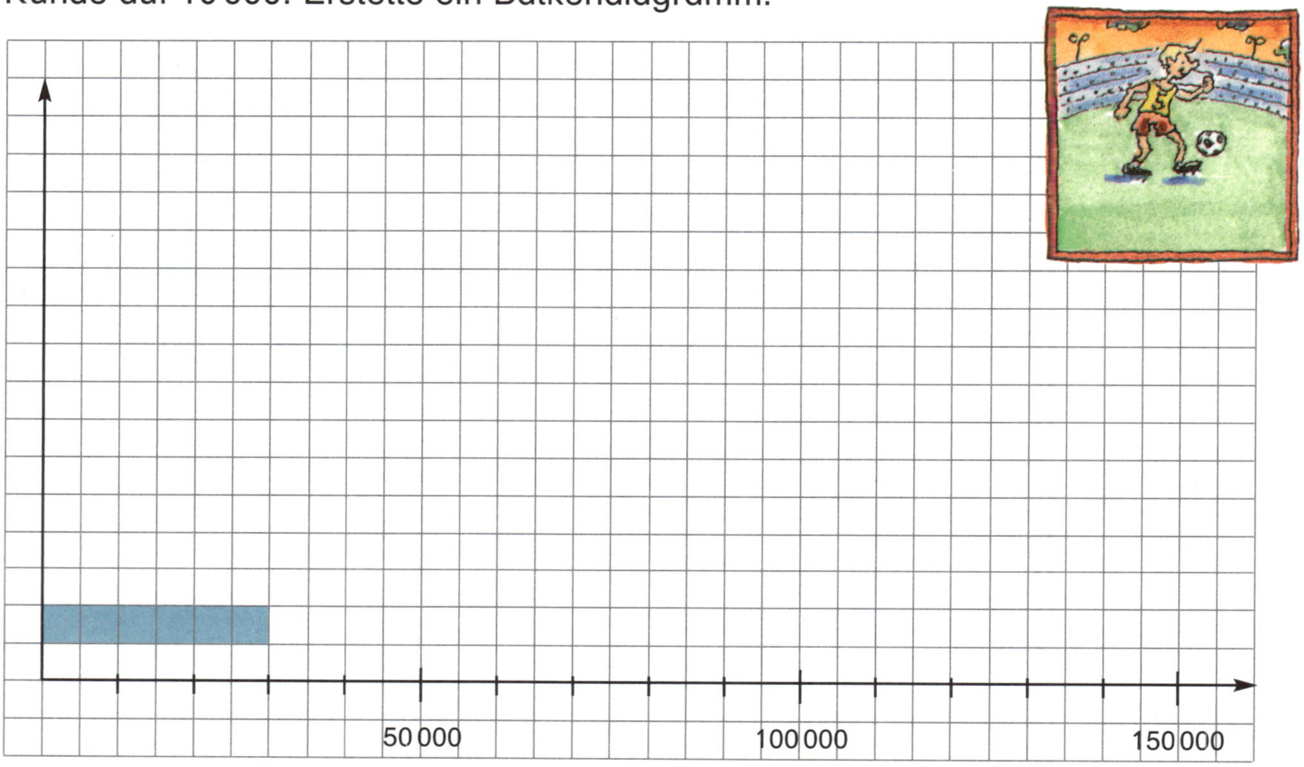

❷ Welche Aussagen stimmen? Kreuze an.

- ☐ Das Olympiastadion ist ungefähr halb so groß wie das Stadion des 1. Mai.
- ☐ Das Olympiastadion ist das kleinste Stadion.
- ☐ Alle Stadien zusammen haben mehr als 600 000 Plätze.

❸ Welche Stadien fassen mehr als 100 000 Plätze?

Welche Stadien fassen weniger als 100 000 Plätze?

© 2008 Oldenbourg Schulbuchverlag GmbH